Abraham Marye

Plantas Lenhosas e Diversidade de Habitat, Abundância Relativa e Utilização

Abraham Marye

Plantas Lenhosas e Diversidade de Habitat, Abundância Relativa e Utilização

ScienciaScripts

Imprint
Any brand names and product names mentioned in this book are subject to trademark, brand or patent protection and are trademarks or registered trademarks of their respective holders. The use of brand names, product names, common names, trade names, product descriptions etc. even without a particular marking in this work is in no way to be construed to mean that such names may be regarded as unrestricted in respect of trademark and brand protection legislation and could thus be used by anyone.

Cover image: www.ingimage.com

This book is a translation from the original published under ISBN 978-3-659-86080-5.

Publisher:
Sciencia Scripts
is a trademark of
Dodo Books Indian Ocean Ltd. and OmniScriptum S.R.L publishing group

120 High Road, East Finchley, London, N2 9ED, United Kingdom
Str. Armeneasca 28/1, office 1, Chisinau MD-2012, Republic of Moldova, Europe
Printed at: see last page
ISBN: 978-620-8-32415-5

Índice

Agradecimentos

A minha profunda gratidão ao meu supervisor, Dr. Berhanu Abraha, pela sua paciência e orientação consistente ao longo de todo o trabalho e por me ter fornecido literatura relevante. Estou igualmente grato a Berhanu Gebre, Bekele Zerihun e Abje Zewdie, Diretor-Geral, Proprietário do Processo de Desenvolvimento da Vida Selvagem e Perito Sénior em Desenvolvimento e Proteção da Vida Selvagem da Autoridade para o Desenvolvimento e Proteção de Parques (PaDPA), respetivamente, que prestaram um apoio indispensável na identificação de espécies de plantas durante todo o período de trabalho e sem os quais a identificação intensiva de espécies e a redação deste livro teriam sido muito difíceis. Agradeço a Ato Getachew Tesfaye, especialista em GIS do PaDPA, pelo seu esforço sem reservas na elaboração do mapa de localização da área de estudo. Um agradecimento especial aos membros do pessoal do departamento de biologia da Universidade de Bahir Dar (BDU), Ato Getachew Bezabeh, chefe do departamento, pelo fornecimento de guias de identificação de plantas e pelo seu encorajamento contínuo.

Gostaria de agradecer a todos os inquiridos e condutores de barcos em diferentes pontos da área de estudo por me terem fornecido informações primárias e serviços de transporte seguros nas ilhas de Abay rive e nas suas imediações. Agradeço também muito ao Diretor da Escola Básica e Secundária de Tis Abay, Ato Paulos Jegora, e aos professores Ato Meret e W/ro Asenekew pela sua ajuda na identificação das espécies de plantas na sua designação vernácula e pela informação sobre a disponibilidade e as ameaças às plantas lenhosas e causas associadas. Estou muito grato à minha mulher Enana Synatayhu, aos meus irmãos Destaw Berhanu, Tibebu Berhanu e Abebaw Marye e às minhas irmãs Yelastawork Marye e Mehret Berhanue pela sua resistência e paciência, entusiasmo, encorajamento, apoio material e financeiro durante todo o período de estudo, e agradeço a todos os que mostraram interesse no meu estudo e me encorajaram.

Capítulo 1. Introdução

A Etiópia tem uma história geológica espetacular, um clima e uma topografia diversificados, com um número notável de vastas zonas ecológicas, biogeográficas, planaltos e planícies tropicais do mundo (Nagl, 2002). Como resultado, a Etiópia tem 5 regiões de biomas que incluem as Terras Altas Afro Tropicais, que compreendem cerca de 70% das áreas afro-alpinas de África, os Biomas Somali-Masai, a Savana Sudano-Guineense, o Congo-Guineense e os Biomas de Transição do Sahel; 10 ecossistemas amplos baseados na vegetação, 21 zonas agro-ecológicas e 2 hotspots (Hotspots do Corno de África e Hotspot Afro-montano Oriental) (IBDC, 2005, UN- WATER/AP, 2004; Seleshi Nemomissa, 2002; EWNHS, 1996) com vários centros de biodiversidade, comunidades ecológicas e sub-ecologias. A Etiópia alberga pelo menos 1883 espécies conhecidas (mamíferos, aves, répteis, anfíbios e borboletas) e 6603 espécies de plantas vasculares (árvores, arbustos, gramíneas e ervas), das quais 5-7% da fauna e 12-15% das plantas superiores são endémicas (CBD, 2008; Schmiderer e Puff (2002); Million Bekele, (2001). O número total de plantas lenhosas (incluindo árvores, arbustos, arbustos e lianas) está estimado em 1000, das quais cerca de 300 são espécies arbóreas (CBD, 2008).

Diversos estudos indicam que todos os tipos de vegetação natural da Etiópia estão gravemente ameaçados (Tadesse Woldemariam *et al.*, 2000; Schmiderer e Puff, 2002; Million Bekele, 2001; IBDC, 2005). No entanto, a maior pressão está a ser exercida sobre as florestas montanhosas húmidas e secas sempre-verdes, localizadas principalmente nas terras altas densamente povoadas (1500-2500masl), como evidenciado pela elevada taxa de desflorestação (Woldemariam *et al.*,2000 e Million Bekele, 2001). Atualmente, a Etiópia perde cerca de 141 000 hectares de floresta natural por ano devido à recolha de lenha, à conversão em terras agrícolas, ao sobrepastoreio e à utilização de madeira da floresta para materiais de construção. Por exemplo, entre 1990 e 2005, a Etiópia perdeu 14,0% da sua cobertura florestal, ou seja, cerca de 2 114 000 hectares (MONGABAY. 2008).

O Estado Regional Nacional de Amhara (ANRS) é uma das áreas mais ricas em diversidade biológica, onde se encontram várias espécies de vida selvagem (Cherie Enawgaw *et al.*, 2006). A região possui 17 reservas florestais prioritárias e muitas áreas naturais e de plantação pertencentes à comunidade e ao Estado (IBDC, 2005; EWNHS, 1996). Para além destas potencialidades, a região tem apenas dois parques nacionais, o Parque Nacional Afro-Alpino (SMNP) (200-4533masl) e o Parque Nacional de Alatish (ALNP) (510-830masl), que representa uma floresta arborizada e de savana. Da mesma forma, muitas áreas da região foram sujeitas a uma elevada pressão da população humana ao longo de vários anos; o solo e outros recursos biológicos são amplamente utilizados e resultaram num declínio da produtividade (PaDPA, 2007; Girma Mengesha, 2005; Nega Tassie 2007).

Em muitas áreas da região, ainda existem extensões de terra cobertas de vegetação natural, pelo que é tempo de uma ação concertada de todas as partes interessadas para conservar os vestígios de manchas florestais e travar a rápida degradação dos ecossistemas florestais e a consequente perda de recursos genéticos florestais em várias partes da região de Amhara.

Nos seus esforços para combater a degradação dos recursos biofísicos, o governo regional estabeleceu o BDNRMP em 2007, que abrange as terras ribeirinhas de Abay, com uma distância média de 1,2 km do leito da água para ambos os lados e 39 km de comprimento, cobrindo cerca de 4680 ha, desde a nascente (Lago Tana) de Abay (Nilo Azul) até Tis Abay (Queda do Nilo Azul), que foi a área de foco deste estudo. No entanto, pouco se sabe ainda sobre a diversidade, distribuição e utilização da vegetação e dos habitats do BDNRMP. Além disso, a maioria deles não é objeto de um estudo intensivo e é conhecida principalmente pelos seus nomes. As espécies da flora e da fauna não são quantificadas para determinar o estado de conservação, o complexo ecológico e as necessidades de utilização. É, portanto, indispensável efetuar uma investigação do estado ecológico e de utilização para mostrar as caraterísticas da vegetação, as opções de conservação e gerar dados úteis para a sua futura gestão e intervenção de utilização em benefício da geração atual e futura. Como mostra o documento de estabelecimento do BDNRMP, a água do rio Abay está a ser utilizada para energia hidroelétrica, para consumo humano e animal e para fins domésticos, para além de irrigação e higiene em pequena escala (Berhanu Gebre *et al.*, 2007). Os benefícios ecológicos, recreativos e turísticos em grande escala ainda não são utilizados de forma eficiente.

O estudo teve como objetivo identificar e analisar plantas lenhosas, habitats e utilização de forma sistemática para determinar a diversidade, abundância e distribuição espacial e sistemas de utilização com ameaças associadas, causas e possibilidade de reabilitação. As principais forças motrizes na seleção de plantas lenhosas como grupo-alvo para esta investigação emanaram do papel de liderança da vegetação de plantas lenhosas para mostrar diferentes povoamentos de plantas e mudanças de cobertura através da intervenção humana. As plantas lenhosas (árvores e arbustos) são componentes estruturais essenciais dos ecossistemas em que ocorrem e fornecem recursos essenciais a uma série de organismos mais pequenos. As plantas (com poucas excepções) são também produtores primários e, por conseguinte, fundamentais para a produtividade de quase todos os ecossistemas. Assim, acredita-se que a monitorização das espécies vegetais mostra a mudança na planta e no ecossistema, a que ritmo e com que resultado (Pichette e Gillespie, 1999).

A inspeção primária no terreno mostrou que os actuais sistemas de utilização de plantas lenhosas não estão em condições de fornecer o potencial de produção esperado para apoiar os meios de subsistência dos utilizadores. Por conseguinte, o ambiente natural é amplamente utilizado e a floresta natural ribeirinha está a ser substituída por pastagens e terras agrícolas (Berehanu Gebre *et al.*, 2007) e parece continuar da mesma forma, a menos que sejam estabelecidos sistemas de reabilitação e utilização sustentáveis.

As manchas florestais utilizadas neste estudo são áreas de vegetação natural em diferentes partes do BDBNMP que têm mais de 50% de cobertura de árvores e arbustos. Cada mancha florestal era composta por mais de 40ha com diferentes habitats naturais, tais como bosques, prados, zonas húmidas, matos, afloramentos ígneos, prados arborizados e ilhas em diferentes proporções.

O estudo foi iniciado com a identificação de espécies de plantas lenhosas em nome científico e vernáculo na área, o que é único e original para facilitar a identificação, diferindo dos trabalhos de investigação de teses botânicas até agora efectuados apenas com nomes científicos. O resultado do estudo ajuda a mostrar o estado das plantas lenhosas e os desafios associados e as estratégias de golpe de vista, fornecendo informações indispensáveis para os gestores florestais, investigadores, estudantes, decisores políticos, autoridades do parque e ecologistas que poderiam estar envolvidos no desenvolvimento de uma gestão sustentável, sistemas de utilização prevalecentes e não atualmente compreendidos de plantas lenhosas e seus habitats de benefício prioritário. Fornece também contributos indispensáveis para as comunidades locais e mostra oportunidades para passar sistematicamente da atual utilização exploradora e perturbadora de plantas lenhosas para uma gestão sustentável num sentido de propriedade que possa servir para a geração presente e futura.

Capítulo 2. Objectivos do estudo

O objetivo geral do estudo era explorar a diversidade, abundância e utilização de espécies lenhosas e habitats com as ameaças associadas no BDNRMP. Os objectivos específicos são:

_ delinear diferentes manchas florestais do parque ricas em espécies lenhosas

_ identificar o grupo taxonómico de cada espécie de planta lenhosa

_ determinar a diversidade, a abundância relativa e a riqueza das espécies lenhosas

_ identificar os habitats de plantas lenhosas, o seu estado e sistemas de utilização

_ investigar os desafios e as causas associadas às plantas lenhosas e aos habitats naturais do parque

Capítulo 3. Revisão da literatura

3.1 Definição e valor da biodiversidade

A biodiversidade refere-se à diferença nas formas de vida na terra que fornece blocos de construção para adaptar as condições ambientais em mudança (IBDC, 2005). Do mesmo modo, o PNUA (1995) descreveu-a como uma variedade de formas de vida distintas em ecossistemas ou habitats, o número e a variedade de espécies neles existentes e a gama de diversidade genética nas populações de cada uma dessas espécies. Em termos de usos e necessidades humanas, a biodiversidade pode ser vista como um capital vivo no qual se baseia o desenvolvimento (WCMC, 1996). A biodiversidade compreende diferentes grupos de espécies vivas e moléculas nos ecossistemas terrestres e aquáticos: flora (árvores, arbustos e ervas, plantas cultivadas, de laboratório e aquáticas), animais (mamíferos, aves, répteis, anfíbios e insectos) e microrganismos (fungos, algas, etc.) em vários grupos taxonómicos.

A biodiversidade presta serviços gratuitos e rende centenas de biliões de dólares por ano (IBDC, 2005). Os conceitos de hereditariedade, adaptação e ambiente desempenham um papel vital na sobrevivência de todos os seres vivos. A capacidade do homem de utilizar estes conceitos coloca-lhe a responsabilidade de os definir, gerir e utilizar de forma sensata (Poul *et al.*, 1970). A biodiversidade é indicada pela riqueza de espécies disponíveis numa determinada área que apresenta uma variação genética entre indivíduos e populações. Esta variabilidade genética traz a seleção natural e a adaptabilidade às mudanças no ambiente que, em última análise, garante a sobrevivência das espécies e a fonte económica no presente e no futuro através de vários usos e valores substanciais (IBDC, 2005).

Existe uma multiplicidade de benefícios da biodiversidade nos domínios da agricultura, da ciência e da medicina, dos materiais industriais, dos serviços ecológicos, do lazer, da cultura e da estética. Alguns dos benefícios da biodiversidade para os seres humanos incluem a alimentação, a melhoria da qualidade do ar, o clima, a purificação da água, o controlo de doenças, o controlo biológico de pragas, a polinização e a prevenção da erosão (PNUA, 1995). Juntamente com estes benefícios não materiais que são obtidos a partir dos recursos biológicos, que são os valores espirituais e estéticos, os sistemas de conhecimento de gestão e utilização e o valor da "Bioeducação" amplamente utilizado atualmente são emanados desses valores. No entanto, o público continua a não ter consciência da crise na manutenção da biodiversidade. A biodiversidade analisa a importância da vida e fornece ao público moderno uma compreensão clara da atual ameaça à vida na Terra (PNUA, 1995). É importante compreender as razões para acreditar na conservação da biodiversidade, analisando o que se pode obter da diversidade biológica e o que se pode perder em resultado da extinção de espécies (Wilson, 1988).

3.2. Estado da biodiversidade

Muitos dados de investigação sobre as estatísticas dos recursos biológicos e as alterações ambientais indicam que a perda de biodiversidade a nível mundial tem sido acelerada (Alden *et al*, 1993; PNUA, 1995; Mackinnon *et al.*, 1986). A consciência da potencialidade das consequências desastrosas desta tendência para as funções ecológicas da Terra e para a satisfação das necessidades humanas básicas, particularmente na África Subsariana (Alden *et al*, 1993). No entanto, o conhecimento geral sobre a riqueza, abundância e comportamento das espécies globais é insuficiente, o que exige um esforço adicional para identificar e registar recursos biológicos desconhecidos (Alden *et al.*, 1993).

A extinção em massa dos dias de hoje é o resultado direto da atividade humana, em que grande parte da grande biodiversidade da Terra está a desaparecer rapidamente, mesmo antes de sabermos o que está a faltar. A maioria dos biólogos concorda que a vida na Terra está a enfrentar o mais grave episódio de extinção (UNEP, 1995; Wilson, 1988). Segundo o ecologista americano Edward O. Wilson (1988), a Terra está a perder cerca de 27.000 espécies por ano de todos os grupos de organismos vivos. Esta estimativa baseia-se principalmente na taxa de desaparecimento de ecossistemas, especialmente florestas tropicais e pradarias. Cientistas de todo o mundo estão a catalogar e a estudar a biodiversidade global na esperança de a poderem compreender melhor ou, pelo menos, abrandar a taxa de perda (Davis e Halvorson, 1996; Wilson, 1988).

3.2.1 Biodiversidade em África

A população africana depende dos recursos biológicos naturais em muito maior grau do que a maioria das outras partes do mundo (Alden *et al.*, 1993). Este facto pode ter origem na riqueza da biodiversidade, estimada em cerca de 25% da quota global em termos de composição genética, de espécies e de ecossistemas (Alemnew Alelegne, 2001), ou pode dever-se à pouca atenção dada no passado à utilização sustentável e à gestão científica das florestas e das áreas protegidas.

O número estimado de plantas superiores na África Tropical e Subtropical é de 40.000 a 45.000 espécies e alguns países incluem espécies únicas e endémicas que têm um valor económico e ecológico importante. Por exemplo, a África do Sul tem 20.000; os Camarões 15.000; o Quénia 8.000 e a Etiópia 6.500-7000 espécies de plantas superiores (Taye Bekele *et al.*, 2000). Do mesmo modo, os ecossistemas que possuem recursos biológicos críticos são diversos a muitos níveis, incluindo a variabilidade genética, a riqueza de espécies, a variabilidade global do ecossistema e a endemicidade. Além disso, a diversidade genética em alguns países africanos, como Madagáscar e Congo, é mundialmente conhecida como uma fonte de material vegetal para as indústrias farmacêuticas (Alemnew Alelegne, 2001). Alden *et al* (1993) afirmaram que a enorme dependência dos africanos em relação aos recursos biológicos traz consigo uma suscetibilidade particular à diminuição da produtividade e à degradação ambiental. Em África, cerca de dois terços da terra que poderia suportar habitats de plantas e animais selvagens está agora a ser utilizada para outros fins, como a agricultura, a colonização e a construção de infra-estruturas (Mackinnon *et al.*, 1986; Alden *et al.*, 1993)

3.2.2 Biodiversidade na Etiópia

A Etiópia é um dos países mais ricos em biodiversidade do mundo, que merece atenção regional e global para uma conservação e utilização sustentáveis. A Etiópia é dotada de várias caraterísticas biofísicas e patrimónios socioculturais associados (IBDC, 2005). Muitos dos patrimónios naturais e culturais são endémicos. No entanto, apenas alguns são conhecidos e estudados cientificamente. A região possui um conjunto muito diversificado de ecossistemas que vão desde a depressão alpina de Ras Dejen e Afar a altitudes que variam entre 4543 e 110 mbsl, respetivamente. Este facto deve-se principalmente à variação do clima, da topografia e da vegetação. Como indicado por Vavilov (1951) e Schmiderer e Puff (2002), a Etiópia é um dos doze países antigos conhecidos pela diversidade de plantas cultivadas no mundo e possui reservas valiosas de diversidade genética de culturas, das quais 7 culturas cultivadas têm o seu centro de origem ou centro genético primário, enquanto 26 culturas têm um centro genético secundário ou centro de diversidade no país. As condições extensas e únicas das terras altas do país contribuíram para a presença de um grande número de espécies endémicas. Assim, quanto mais isolada da interferência humana, mais rica em endémicas é a Etiópia, que se tornou assim um centro de diversidade para as cevadas de seis e quatro linhas, bem como para o trigo tetraploide sem espiga (Schiemann, 1951).

As florestas e os bosques da Etiópia são depositários e reservatórios de genes de várias plantas domesticadas e selvagens e de parentes de plantas domesticadas. As florestas não só são importantes para o fornecimento de produtos colhidos nelas e pela interação complexa que estabelecem com outros organismos para construir ou reabilitar a estrutura complexa da biodiversidade, mas também para combater de forma positiva os recursos abióticos como o solo, os minerais, a água e os factores que afectam o clima e os seus elementos (IBDC, 2005).

Os estudos realizados até à data no último quarto de século indicaram que grandes áreas de florestas, rios, lagos e colinas são ricas em recursos biológicos naturalmente dotados (IBDC, 2005: Schmiderer e Puff., 2002; EWNHS, 1996). No entanto, as suas funções locais e nacionais não são amplamente reconhecidas a todos os níveis. Como resultado, muitos destes recursos estão a declinar a um ritmo alarmante devido ao comportamento de conquista de outros recursos por parte do homem, associado a um baixo nível de esforços de conservação e reabilitação. A intervenção do homem varia também na utilização direta e na conservação para aumentar os valores tangíveis. Consequentemente, a exploração e o estado de conservação são diversos e exigem sistemas eficazes para manter a riqueza da biodiversidade natural (IBDC, 2005, UN-WATER/AP, 2004; EWNHS, 1996).

3.3. Recursos hidrológicos: Nilo Azul e suas implicações para a conservação da biodiversidade

A hidrologia da Etiópia é um reflexo direto do clima, do terreno e de outras caraterísticas físicas (IBDC, 2005 e Fadel *et al.*, 2003). O recurso anual de água doce renovável está estimado em cerca de 122BCM/ano em doze bacias hidrográficas com 9 rios, 12 lagos e 5 grandes reservatórios artificiais que cobrem 7500Km2 (IBDC, 2005). A região de Amhara compreende 58 rios e 8 lagos (2623,4sm Km2) com água permanente (BoFED, 2008). As terras altas do centro-norte da Etiópia contribuem com mais de 50% das bacias hidrográficas do Nilo Azul. Os estudos recentes sobre a precipitação e o caudal indicam que há uma tendência para a alteração do teor de água. O declínio da precipitação em Kiremt (junho-

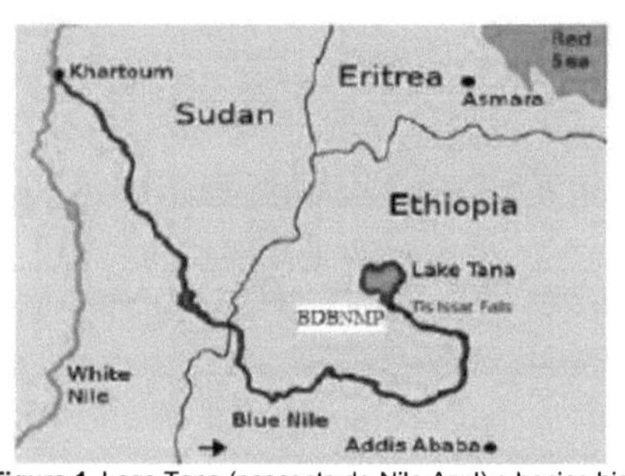

setembro) é estimada em 14%. Isto mostra que a precipitação no curso superior das águas do Abay (Nilo Azul) diminui de tempos a tempos, uma vez que as terras altas do centro-norte são dominadas por uma longa história de colonização e desflorestação. As principais forças motrizes do declínio do padrão de precipitação são

Figura 1. Lago Tana (nascente do Nilo Azul) e bacias hidrográficas do Nilo Azul

principalmente as alterações na cobertura vegetal terrestre (UN-WATER/AP, 2004) através da desflorestação, do cultivo e da fragmentação dos habitats.

O Nilo é a bacia hidrográfica mais longa do mundo (6850 km), cobrindo aproximadamente 10% do continente africano, dos quais 1529 km são do Nilo Azul (Fadel *et al* 2003). O rio Nilo estende-se por 10 países com uma área de 3 x 106 km . [222]O Nilo Azul (Abay) começa no Lago Tana, com cerca de 3150 km de largura, que cobre 15 319 km de área de drenagem (IBDC, 2005). O curso superior do Nilo Azul na Etiópia cobre uma distância de cerca de 800 km, conhecida como Abay. O Abay (Nilo Azul) nasce na nascente de 1788masl, a montante do Lago Tana, fundindo-se com o Tekeze e outros afluentes que contribuem com cerca de 85% da água do Nilo (Fadel *etal.*, 2000 e IBDC, 2005). Abay é caracterizada por faces espectaculares de montanhas e vales com vegetação de montanha e ribeirinha. Assim, diferentes porções do desfiladeiro e da floresta ribeirinha de Abay, na Etiópia, merecem ser protegidas para a conservação da biodiversidade e da paisagem, a fim de serem utilizadas como um importante sector turístico que poderia garantir ganhos económicos sustentáveis a nível local, regional e nacional.

A formação do Nilo Azul (Abay) e as complexas caraterísticas biofísicas, as intervenções culturais e históricas atraíram historiadores, naturalistas, visitantes e governantes locais e estrangeiros. Para além da sua longa contribuição histórica para a humanidade, foi uma área de expedição para muitos investigadores nos séculos XVth e XVIIth . No entanto, os seus benefícios económicos locais e nacionais e os seus serviços ecológicos não vão além da explicação e da mera colocação em posição de prestígio, os valores históricos e as ameaças e conflitos recentes são a sua caraterística comum. Por conseguinte, requer uma abordagem de gestão integrada, uma vez que atrai várias partes interessadas locais e internacionais, o que garantiria a manutenção de recursos e valores excepcionais, benefícios económicos e ecológicos para as nações em toda a bacia e a melhoria dos meios de subsistência das populações locais ao longo da margem do rio e nas suas imediações. Por conseguinte, chegou o momento de uma ação concertada de todas as partes interessadas para travar a rápida degradação dos ecossistemas florestais e a consequente perda de recursos genéticos florestais em várias partes da região (CBD, 2008). No entanto, pouco se sabe ainda sobre a diversidade, a distribuição e a utilização da vegetação e dos habitats da parte do Nilo Azul do BDNRMP. É, portanto, indispensável efetuar uma monitorização do estado ecológico e de utilização de modo a mostrar as caraterísticas da vegetação, as opções de conservação e gerar dados úteis para a sua futura intervenção de gestão e utilização.

3.4 Desafios da conservação da biodiversidade na Etiópia

As áreas de conservação da biodiversidade são principalmente consideradas como centros de importância natural excecional, onde o impacto humano é reduzido. No entanto, devido à incerteza económica e à instabilidade social e política, sofrem uma pressão humana crescente. As actuais ameaças às áreas protegidas da Etiópia incluem o sobrepastoreio, a invasão (agricultura, povoações, caça furtiva e pesca ilegais), os incêndios descontrolados, a produção de carvão vegetal e a extração de outros recursos naturais devido ao aumento da procura de lenha e de materiais de construção (Hall *et al.*, 2001).

A vida selvagem etíope, a biodiversidade e as autoridades de gestão florestal e os documentos de institucionalização e de aplicação dos centros educativos prevaleceram sobre o facto de a prática de conservação ter começado com uma abordagem de conservação protecionista de áreas florestais prioritárias, locais de plantação, parques, reservas de vida selvagem e santuários, que sempre estiveram profundamente enraizados na Convenção de Londres de 1933, que visava principalmente a proteção da biodiversidade nos países africanos. O conceito da convenção tinha sido manobrado no sentido de ter parques nacionais exclusivos, santuários, reservas de vida selvagem e zonas de caça controladas (parque sem mote de pessoas) para prosperidade, turismo, investigação e intervenção controlada para caça legal.

Atualmente, na Etiópia, mais de 90% dos fornecimentos domésticos de madeira industrial e lenha provêm das florestas naturais, que são as principais fontes de produtos de madeira. A lenha representa a maior parte da madeira utilizada e é o combustível doméstico preferido nas zonas rurais e urbanas. Os esforços passados e presentes de conservação das florestas da Etiópia foram inadequados para travar o processo de desflorestação e degradação florestal no país. A contínua invasão das florestas por parte das comunidades locais nas zonas de floresta de altitude levou ao declínio do abastecimento de madeira para fins industriais, de construção e de combustível. A maior parte das florestas naturais remanescentes situa-se em encostas íngremes a grande altitude, que são exploradas por corte seletivo, deixando para trás as espécies de folhas largas comercialmente menos importantes (Million Bekele, 2001). No entanto, já passou o tempo em que podíamos permitir-nos facilmente este processo de desflorestação desastroso, por muito que o degradássemos, mas ainda estamos a tempo de mudar a nossa atenção e as nossas estratégias para atenuar o problema da desflorestação através de uma gestão científica que permita obter benefícios ecológicos, económicos e sociais.

3.5 Avaliação da biodiversidade

A investigação científica contemporânea sobre os recursos naturais tem-se esforçado por passar da defesa baseada na crença para o consenso baseado no conhecimento, passando da visão da gestão dos processos dos ecossistemas naturais como paisagens estáticas, isoladas e independentes para o entendimento científico de que os recursos conservados são dinâmicos, integrados numa paisagem mais vasta e afectados por actividades humanas distantes e próximas (Davis e Halvorson, 1996). Esta noção trouxe o reconhecimento de que a proteção dos recursos naturais exige uma gestão ativa, interactiva, experimental e adaptativa (Leopold *et al.*, 1963). No que respeita à investigação dos recursos biofísicos e à classificação dos habitats, as zonas ribeirinhas são locais que variam entre o leito do rio, temporariamente inundado e nunca inundado, e a composição das espécies é variável.

A floresta ribeirinha é um sistema heterogéneo. Na maioria das zonas, as comunidades ribeirinhas e outros componentes ainda não estão bem classificados no Sistema Nacional de Classificação da Vegetação (TNC, 2002) ou nos diferentes habitats do BDNRMP. A Etiópia não possui nenhuma zona húmida, via fluvial ou sítio ribeirinho designado como reserva protegida, apesar de possuir vários lagos e rios internacionais. Por outro lado, a Etiópia assinou a "Convenção de Ramsar" mas, por não ter zonas húmidas legalmente protegidas, não ratificou a convenção e não beneficia dela.

A investigação das condições existentes e do padrão de utilização das plantas lenhosas, da vida selvagem associada e da intervenção humana como uma abordagem sistémica ajuda a compreender as ligações entre elas, a interação mútua, o ser humano como sistema integral e a escala de interação para ilustrar a sua interdependência. Mas as partes interessadas que apresentam amostras representativas de questões e exemplos de estudos de caso são questões mais convenientes para a gestão sustentável de todos os recursos biológicos (Davis e Halvorson, 1996). Os ecossistemas podem ser muito diferentes em diferentes fases, dependendo das necessidades das espécies que os constituem. Assim, acredita-se que a monitorização ecológica e de espécies vegetais mostra que os ecossistemas estão a mudar em termos de riqueza de espécies, abundância e estrutura e composição da comunidade ao longo do tempo (Pichette e Gillespie, 1999).

O inventário da biodiversidade utiliza várias técnicas que foram aplicadas aos habitats, à distribuição e ao estado das espécies, mas que devem ser verificadas através de uma investigação direta ao nível do solo. A recolha de novos dados é uma componente essencial de todas as avaliações específicas do sítio (WCMC, 1996). A força das conclusões depende das questões de investigação e dos métodos utilizados para as abordar. Resultados adequados e bem executados são a base para acções e decisões de gestão. Como afirmam White e Edwards (2000), há duas fases fundamentais em qualquer programa de investigação. Em primeiro lugar, é necessário efetuar observações preliminares ou realizar trabalhos de inventário, a fim de detetar padrões ou tendências interessantes. Em seguida, é necessário conceber e realizar estudos experimentais para explicar esses resultados. A primeira fase é essencialmente descritiva. Trata-se de documentar os padrões de distribuição e de abundância (ou intensidade) das plantas e dos animais (ou das actividades humanas). A segunda fase procura explicar estas observações preliminares.

3.5.1 Monitorização da vegetação natural e dos habitats

A vegetação é considerada como um conjunto de formas de vida vegetal num determinado ecossistema, habitats e populações de diferentes espécies. De acordo com Pichette e Gillespie (1999), as árvores são plantas lenhosas que têm normalmente pelo menos 10 cm de diâmetro à altura do peito ou 1,3 m acima do solo. Os arbustos e as pequenas árvores com DAP 4-10cm não formam copa. O controlo das árvores fornece informações importantes sobre a estrutura e a composição da floresta e sobre o impacto das alterações ambientais. Fornece também informações vitais para a avaliação futura das decisões actuais de gestão florestal e para a deteção de alterações no estado das espécies de árvores florestais. A investigação e as actividades de conservação (exceto no domínio da taxonomia) tendem a centrar-se nos animais, em especial nos grandes mamíferos e nas aves. No entanto, não se pode ignorar o facto de que, pela sua própria natureza, são as plantas que definem o ambiente florestal. As florestas albergam uma grande diversidade de espécies vegetais que representam muitas formas e estilos de vida. Esta diversidade, por sua vez, cria uma grande variedade de habitats e alimentos para os animais. As plantas aumentam a diversidade temporal da reprodução e migração dos animais. Consequentemente, a diversidade vegetal tende a correlacionar-se bem com a diversidade global de espécies (WCMC, 1996; Pichette e Gillespie, 1999).

A informação sobre a diversidade, distribuição e abundância da vegetação é recolhida através de um inventário botânico que visa registar a) a diversidade de espécies vegetais encontradas numa área; b) a distribuição dos habitats preferidos de cada espécie e c) estimativas da abundância de cada espécie na área de interesse. Um inventário é o primeiro passo necessário em qualquer estudo pormenorizado da vegetação sobre a singularidade da zona. Constitui uma base para estudos de classificação e cartografia da vegetação. Fornece também as bases para estudos ecológicos ou socioeconómicos, uma vez que é necessário identificar primeiro as plantas para compreender a dieta de um animal, ou o impacto do abate de árvores num habitat ou os padrões de disponibilidade de alimentos para utilização de plantas medicinais pelos seres humanos (White e Edwards, 2000). No entanto, a compilação de uma lista de plantas é um grande esforço para saber o que já se sabe sobre a área em questão e onde existem lacunas no conhecimento existente.

A definição e a descrição dos tipos de habitat são as próximas metodologias prioritárias que podem ser utilizadas para classificar e descrever a vegetação numa classificação qualitativa ou subjectiva, seguida de um estudo quantitativo. Os habitats podem ser descritos tanto qualitativa como quantitativamente (Curran et al., 2000; White e Edwards, 2000). Os factores descritivos utilizados no habitat qualitativo incluem as espécies de árvores dominantes ou mais comuns, as espécies indicadoras, a altura média do dossel, o dossel aberto ou fechado, o tamanho médio das árvores, a densidade do sub-bosque, a topografia ou a presença de água ou de perturbações. Devem ser utilizados um ou dois caracteres que mais obviamente separem um tipo de habitat de outro. Por exemplo, a floresta pode ser descrita utilizando quatro tipos gerais de habitat: floresta densa, floresta mista, floresta de pântano e floresta secundária. As pequenas manchas que diferem do habitat circundante nem sempre têm de ser descritas como tipos de habitat separados; uma pequena área pode ser descrita como um afloramento rochoso que se encontra numa grande mancha de floresta alta e mista ou uma pequena área queimada que se encontra numa grande mancha de floresta secundária antiga (White e Edwards, 2000). Além disso, as descrições qualitativas do habitat são mais úteis se forem coerentes.

Todas as pessoas que trabalham na floresta devem chegar a acordo sobre a forma de distinguir os tipos de habitat. Como grupo, os guardas florestais, gestores e investigadores devem dar um passeio pelos diferentes tipos de floresta e discutir as suas semelhanças e diferenças. Concentrar-se nas áreas que podem ser difíceis de classificar, tais como os limites entre os tipos de floresta. Curran et al., (2000) afirmaram brevemente que uma combinação de métodos quantitativos e qualitativos é geralmente mais útil; a escolha dos métodos apropriados depende dos tipos de informação que a equipa de gestão da área protegida necessita para a tomada de decisões, e da relação entre os diferentes intervenientes. A informação sobre a utilização fornece aos gestores florestais informação pertinente para a manutenção do sistema natural sob a sua tutela.

3.5.2 Técnicas de monitorização da diversidade e utilização da vegetação

A diversidade da vegetação pode ser expressa quantitativamente a partir de diferentes perspectivas, dependendo dos aspectos (funções) do subestudo da biodiversidade e da escala espacial e temporal a que o estudo é efectuado (Ganzalo, 1998; Stefan, 2005). A cobertura combinada de árvores e arbustos influencia significativa e positivamente a saúde do sítio (Norine e Sandi, 2008). As manchas florestais em diferentes paisagens podem facilmente determinar a complementaridade (diferenças ou falta de semelhança) entre elas. Quanto maior for a complementaridade, maior é a razão para considerar cada mancha florestal como um sítio de monitorização de paisagem distinto (Ganzalo, 1998). A verificação no terreno garante que os dados existem de facto nos sítios representativos, o que é vital para a interpretação exacta da estimativa da diversidade e da distribuição do coberto vegetal para toda a paisagem (Qiming *et al.,* 1998). Os resultados da diversidade, da distribuição e dos sistemas de utilização da vegetação da paisagem especificam os requisitos de conservação e de gestão sustentável que devem satisfazer cada fragmento de floresta no futuro (Ganzalo, 1998).

Para dar uma visão abrangente dos métodos de medição da biodiversidade em geral e da diversidade, utilização e ameaças da vegetação em particular, Buckland *et al.* (2005) descreveram a diversidade como um produto da riqueza e da regularidade das espécies (a riqueza é o número de espécies presentes, enquanto a regularidade é a distribuição dos indivíduos entre as espécies). Por conseguinte, a biodiversidade está principalmente interessada no número de espécies, na abundância global e na regularidade das espécies. A elevada regularidade ocorre quando todas as espécies têm uma abundância semelhante, sem que uma única espécie domine (Helen et al., 2007; Buckland *et al.*, 2005).

Entre os vários índices de diversidade e regularidade, Jan Meerman (2004) descreveu **o Índice de Biodiversidade de Shannon-Weiner** (H_I), um índice muito utilizado que tem duas propriedades $H_1=0$ se e só se houver uma espécie numa amostra. $H_1=$ máximo apenas quando todas as espécies estão representadas pelo mesmo número de indivíduos, ou seja, uma distribuição perfeitamente uniforme. O índice máximo pode ser calculado quando todas as espécies de uma amostra são igualmente abundantes; quando se afasta da equidade, o índice diminui para zero.

O melhor estudo e monitorização da vegetação a utilizar para cada sítio deve ser determinado com base em vários factores. O estado atual do sítio, o coberto vegetal, a composição das espécies, a utilização, as ameaças e as causas associadas são fundamentais (Buckland *et al.*, 2005; Stefan, 2005). Os dados recolhidos nos quadrats de solo, arbustos e árvores são utilizados para calcular a frequência de ocorrência, a abundância, a composição percentual, a diversidade de espécies, a abundância relativa das espécies e a gama de classes de cobertura (Norine e Sandi, 2008; e Huy. 2004).

A frequência relativa de ocorrência indica o grau de raridade de uma planta e pode indicar a sua vulnerabilidade a factores ambientais variáveis (Huy. 2004; Qiming *et al.*, 1998). É calculada pelo número de quadrantes em que uma determinada espécie ocorreu, dividido pelo número total de quadrantes. As plantas amplamente distribuídas por toda a área são menos vulneráveis aos impactos do que as espécies que se encontram agrupadas em termos de frequência de distribuição. A percentagem de cobertura é uma medida de quanto da superfície do solo de um quadrado está coberta por cada espécie quando vista do ponto mais alto e a cobertura da copa é financiada pela medida DBH (Huy. 2004). O índice de similaridade é utilizado para quantificar a similaridade da riqueza de dois momentos ou locais de amostragem. Os dois locais mais semelhantes em termos de espécies terão um índice de 1 ou 100% e os que não têm qualquer semelhança terão um índice de zero. Um índice superior a 60% indica que são mais ou menos semelhantes (Qiming *et al.*, 1998; Stefan, 2005). A densidade é o número total de plantas por hectare, o que é útil para avaliar a utilização dos habitats por cada espécie. A riqueza de espécies é um número total de espécies não derivadas e comparadas diretamente de um local de amostragem para o seguinte e os valores são utilizados para calcular os índices de semelhança e uniformidade (Huy. 2004).

A diversidade de espécies é uma medida da distribuição geral de todas as espécies presentes na área de estudo, de acordo com a abundância e a composição com outras áreas de estudo ou dentro da área de estudo ao longo do tempo e em diferentes paisagens ou manchas, medida por diferentes índices de diversidade (Stefan, 2005; Huy. 2004). A dominância ou abundância relativa é a proporção de cada espécie em relação ao número total de plantas que forma índices de diversidade em que a contribuição de cada espécie é ponderada (Stefan, 2005 e TPW, 1995). A análise de correlação e regressão para procurar uma variedade de factores na relação com a paisagem, os habitats, a população vegetal e animal é utilizada para determinar se um conjunto de dados é afetado por outro conjunto de dados, por exemplo, a relação entre o número de espécies e a representação total das plantas individuais (Helen et al., 2007; Stefan, 2005).

Capítulo 4. Área de estudo, materiais e metodologias

4.1 Área de estudo

A localização geográfica da área de estudo é de 11o29'40.2" N a 11o37'27.9" N de latitudes e 37o24'37.2" E a 37o36'34.0" E de longitudes, utilizando o mapa WGS 84, datum *Garmin XL 12 GPS,* começando na nascente do Nilo Azul, a partir do Lago Tana, até à famosa queda do rio Tis Isat (parte nordeste a sudeste da Zona Administrativa Especial da cidade de Bahir Dar), que abrange cerca de 4680ha ribeirinhos e as suas terras vizinhas de Abay (Fig.2).

Figura 2. Localização da área de estudo e limite (BDNRMP) do Lago Tana a Tis Isat

Topograficamente, a área é caracterizada por um planalto ondulado gentil (Bellier, 1997) com um curso de rio sinuoso e um fluxo de água relativamente lento. O lado ocidental do rio Nilo Azul é dominado por extensas rochas ígneas e solos argilosos cinzentos-escuros com uma espessura de 2 a 3 metros desenvolvidos nas áreas planas (Brehanu *et al.,* 2007), enquanto a parte oriental é caracterizada por arbustos dominados por solos pedregosos vermelhos e castanhos avermelhados das terras altas com uma série de colinas. Além disso, predomina o cultivo de encostas até à margem do rio, pelo que também é caracterizada por uma erosão intensificada do solo, com uma atenção mínima às medidas de conservação da perda de solo e de vegetação.

A área tem um clima temperado quente com uma temperatura média anual de cerca de 19,4⁰ C e a precipitação média anual varia entre 895 m e 2036 mm (Berehanu Gebre, *et al,* 2007). De acordo com a classificação climática tradicional da Etiópia, a área de estudo encontra-se em Woyina Dega húmida no seu lado oriental e em Woyina Daga húmida no lado ocidental. A área situa-se a uma altitude de 1621 msl no sopé da Queda do Nilo Azul e cerca de 1830 msl na saída do rio do Lago Tana até 1937 msl no espetacular ponto de vista superior da colina Mulilit, na fronteira sul do parque e na direção sudeste da Queda do Nilo Azul.

As terras altas da Etiópia são historicamente uma zona dominada pelo homem. As florestas naturais são excessivamente utilizadas durante muito tempo e degradam-se. É o caso da zona de estudo (BDNRMP). Tanto o limite do parque como as suas imediações são dominados por efeitos antropogénicos de comunidades agrícolas e mistas. A população total dos 11 Kebeles limítrofes, incluindo os residentes do parque, foi estimada em cerca de 80.000 pessoas pelas projecções do BoFED em 2006. Do total de 30.139 agregados familiares em todos os Kebeles, a subsistência de 1905 está inteiramente dependente do parque. Eles vivem no parque ou ganham a vida cultivando as terras e pastando o gado dentro do parque.

4.2. Materiais utilizados para a recolha de dados

Para a recolha de dados foram utilizados os seguintes materiais: GPS de mão Garmin 12 XL, fita adesiva 50m, máquina fotográfica digital, câmara de vídeo, quadrante de cordas de nylon (20mx20m), folha de dados e lápis, caderno de notas, saco-cama, prensa de herbário, mapa de imagens de satélite, ferro de engomar motorizado/manual e barcos de papiro.

Para a identificação das espécies vegetais, as suas utilizações para diferentes fins e ameaças, o grupo taxonómico e as listas principais de espécies vegetais foram preparados utilizando as referências disponíveis sobre a flora da Etiópia e da Eritreia e o Glossário de plantas na Etiópia (Elnga *et al*, 2003, Inga e Edwards, 1989, Sue *et al.*, 1995, Sue *et al.*, 2000, Woldemechile Kelecha, 1987) e guias de campo de identificação de plantas coloridas de Azene Bekele (2007 e 1993), Bernhard e Admassu Adi (1994), imagens coloridas da flora das abelhas e peritos experientes em silvicultura e biodiversidade.

Placa 1. Alguns dos materiais de campo e DBH, número de espécies e tipo de técnicas de recolha de dados

4.3 Métodos de recolha e análise de dados

4.3.1 Conceção, fonte de dados e locais de amostragem

O estudo foi concebido como uma investigação aplicada de inquérito intencional para adquirir dados qualitativos (documentos) e quantitativos (inferenciais) sobre plantas lenhosas a partir de fontes primárias e secundárias relevantes que deveriam abordar os objectivos da investigação. Para investigar questões prioritárias sobre diversidade, abundância relativa e utilização de plantas lenhosas e habitats em parcelas de floresta delineadas, foram utilizadas as seguintes fontes de dados. As principais fontes de dados foram os quadrantes das parcelas, um transecto de ida e volta com amostragem de residentes e a literatura e os peritos disponíveis.

A área total de amostragem de cerca de 1320 ha do total de 4680 ha do parque foi utilizada para a recolha de dados de amostragem. Foram identificadas 12 manchas florestais ribeirinhas e seis manchas florestais insulares em 12 manchas florestais ribeirinhas para ter uma representação de tamanho igual de 2km x 0,2km (0,4km2) ou 40ha de tamanho de amostra para a recolha de dados de cada mancha florestal. Cada mancha de floresta ripícola tem três linhas de transecto que têm 2000m de distância paralela ao rio na margem do rio, 100m e 200m de distância da margem do rio. Quatro quadrantes de pontos com 20m x 20m = 400m2 foram colocados a 500m de distância em cada linha de transecto. Havia 12 quadrantes de parcelas em três linhas de transecto de cada mancha de floresta ripícola. Para cada mancha de floresta insular foi colocada uma única linha de transecto com quatro quadrantes de parcelas de estudo. Foi utilizado um total de 168 quadrantes de parcelas, dos quais 144 quadrantes (5,76ha) no gradiente ribeirinho representavam 12 manchas florestais com 0,48ha por mancha florestal e 24 quadrantes em 6 ilhas (0,96ha), representando 0,16ha por mancha, para a aquisição de dados de parcelas.

Para identificar espécies lenhosas, habitats e utilização de plantas lenhosas fora dos quadrantes das parcelas de estudo, foi efectuado um transecto circular a 50 metros da linha da margem do rio. A relação das comunidades locais com a vegetação natural foi investigada através da identificação dos sistemas de utilização e dos dados relativos às ameaças associadas, que foram recolhidos junto de 5% (95 HH) de 1905 HH de residentes no interior do parque que possuem as suas próprias terras ou utilizam os recursos do parque como meio de subsistência.

4.3.2 Recolha e análise de dados

O período índice ou tempo de recolha de dados no campo foi realizado de novembro a fevereiro. Esta altura foi escolhida por ser o período de floração, frutificação e de obtenção da copa máxima para muitas espécies lenhosas e o último mês é o período de corte e reinício da folhagem para algumas espécies de folha caduca. Ao nível do campo, foram recolhidos dados primários sobre as plantas lenhosas, nomeadamente a identificação e a listagem das espécies nas parcelas, as caraterísticas de cada fragmento florestal, o tipo de habitat, a medição do DAP e os sistemas de utilização com as ameaças e causas associadas dentro e fora dos quadrantes das parcelas. A utilização de plantas lenhosas e de habitats foi recolhida junto dos residentes e apoiada pela observação visual do investigador. A pressão e a fotografia de diferentes partes de plantas para identificação do grupo taxonómico, formas de vida e espécies endémicas e indicadoras.

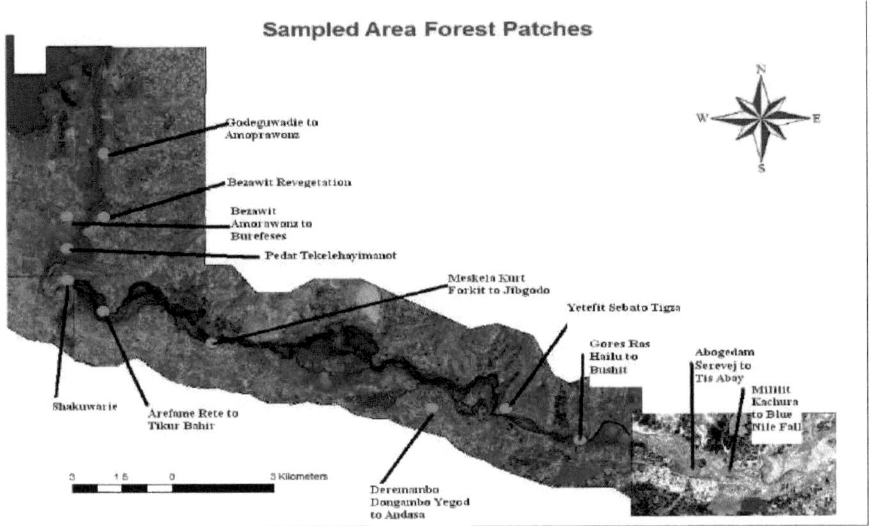

Source: Bird quick 2000 and 2005

Figura. 3 Manchas florestais da área amostrada no BDNRMP

Foram utilizadas várias técnicas e instrumentos para a recolha e interpretação de dados. **"Ground Truthing"** utilizando um quadrante autónomo de 20m x 20m. **Levantamento de linhas de transecto"**, caminhando ao longo da margem do rio a 50m de distância de ambos os lados. Estimativa de cobertura estrutural de estratos de vegetação **"Braun Blanquet"** modificada. **"Questionário estruturado"'** apoiado por discussão aberta, observação e descrição. Estas técnicas ajudaram a obter dados suficientes, poupando relativamente tempo e custos de mão de obra.

Foram utilizadas diferentes estatísticas descritivas e inferenciais para a análise e apresentação dos dados. **1. O índice de Shannon-Wienner** (1949) foi utilizado para mostrar a diversidade em abundância e a uniformidade das plantas lenhosas em cada uma das manchas florestais e entre elas. **2. O índice de semelhança de Simpson** foi utilizado para avaliar a semelhança da riqueza entre diferentes manchas florestais de dois locais. **3. A ferramenta de análise de pressões e ameaças da WWF (1993)** foi utilizada para mostrar o grau, a tendência, a probabilidade, a extensão, o impacto e o efeito permanente das pressões e ameaças identificadas sobre as plantas lenhosas e os habitats.**4. A ANOVA de Sir Ronald Fisher (1923)** foi utilizada para verificar se existia diferença estatística na associação da abundância e riqueza de plantas lenhosas entre manchas florestais e gradientes ripícolas. A análise da pressão e das ameaças definiu a pressão como tendências de gravidade no passado e as ameaças como probabilidade ou possibilidade de gravidade no futuro ou potencial foram medidas através da extensão, do impacte e da permanência. **5. O teste de Duncan (DMRT)** foi utilizado para avaliar o nível de diferença estatística média entre diferentes gradientes ripícolas e manchas florestais. 7. **Análise de correlação de Spearmen** para mostrar o nível de relação entre o número de plantas (abundância) e o número de espécies (riqueza) e as diferenças nas ilhas, na margem do rio, a 100m e a 200m da margem do rio.

Capítulo 5. Resultados

5.1 Caraterísticas das manchas florestais

A inspeção inicial e a análise pormenorizada da riqueza e da pressão humana sobre as plantas lenhosas indicaram que cada mancha florestal utilizada para a recolha de dados amostrais tem uma composição diversificada e ameaças de plantas lenhosas, como se descreve a seguir.

Godeguadie a Amorawonz (GA): A mancha florestal GA está situada no lado esquerdo do rio Abay, desde a sua nascente, o lago Tana, até Bezawit. É dominada por uma extensa modificação da floresta natural ao longo da margem do rio. *Justicia schimperana* (Semiza), *Eucalyptus Spp.* (Bahir Zaf) *Caesalpina decapetala* (Yeferenj Ketketa), *Jacaranda mimosifolia* (Jacaranda/ *Casuarina equisetifolia* (Shewashewe) *Delonix regia* (Yederedawa Zaf), *Catha edulis* (Chat), *Mangifera indica* (Mango). Também são cultivadas outras frutas e culturas estimulantes, árvores de cobertura, cercas vivas, espécies de mosaico para sítios recreativos, produção sazonal de vegetais irrigados. Infra-estruturas como estradas interrompem a produção, casas e jardins. A vegetação natural é modificada por plantações induzidas pelo homem, o que a torna, nomeadamente, em manchas florestais modificadas em grande parte por espécies exóticas.

Revegetação de Bezawit (BR): Esta mancha florestal encontra-se a sul de GA e a norte de Bezawit e é também uma mancha florestal modificada, mas completamente diferente da mancha florestal de GA. A floresta de vegetação natural foi modificada pela revegetação com espécies arbóreas indígenas, principalmente *Syzygium guineense (Dokma)*, *Milletia ferruginea (Berbera)*, *Cordia Africana (Wanza)*, *Acacia abyssinica (Yabesha gerar)*, *Croton macrostachyus (Besana)* e *Olea capensis (Woyira)* plantadas pelas comunidades de Bahir Dar durante a celebração do novo milénio etíope. Antes da revegetação, a vegetação natural foi intensamente desflorestada, tendo sido deixadas pastagens em espaço aberto. Mas agora, devido ao encerramento da área e à gestão protetora das plântulas revegetadas, a maior parte das plantas lenhosas e outras vegetações que crescem naturalmente estão a crescer de novo.

Bezawit Amorawonz a Burefesses (BAB): Esta mancha florestal encontra-se a sul da BR e a floresta densa a oeste do Palácio de Bezawit estende-se até ao rio Abay. As principais espécies de plantas lenhosas registadas foram *Dichrostachys cinera (Gorgoro)*, *Securinega virosa (wonahi)*, *Calpurnia aurea (Zegeta)*, *Syzygium guineense (Dokema)*, *Carissa edulis (Agam)*, *Maytenus gracilipes (Atat)*, *Maytenus arbutifolia (Geram Atat)*, *Bersama abyssinica (Azamer)*, *Phoenix reclinata (Zembaba)*, *Capparis tomentosa (Gemero)*, *Pteroloblum stellautm (Kentefa)* e *Mimusops kummel (Ishe)*, *Stereospermum kunthianum (Zana)*, *Milletia ferruginea (Birbira)*, *Achanthus eminens (Kosheshela)*, *Achanthus senii (Kosheshela)*, *Nuxia congesta*, *Dodonaea viscosa (Ketketa)* e algumas espécies exóticas como *lantana camara*, *Gravilia robusta* e *Cupressess lustanica*. Embora o coberto vegetal natural esteja afetado por espécies invasoras de *Lantana camara*, sobrepastoreio do sub-bosque, corte seletivo e remoção de ramos, as florestas remanescentes da face natural e a composição dos estratos de vegetação estão relativamente intactas. Assim, esta mancha florestal foi considerada mais diversificada e densa do que a composição da floresta superior.

Peda Tekelehayimanot (PTH): Esta mancha florestal encontra-se no lado direito do rio Abay, a sudoeste da mancha florestal BAB, no lado oposto, a sudeste do campus principal da Universidade de Bahir Dar, estendendo-se até à igreja de Teklehaymanot, nas ilhas do rio Abay, até Abay Egerber. Compreende vastas áreas de pântano, arbustos e bosques, ilhas extensas, altamente fragmentadas com diferentes cursos de água dominados por papiros longos perenes densos e gramíneas de infiltração e floresta com rochas ígneas. É dominada principalmente por plantas lenhosas ribeirinhas, como *Syzygium guineense (Dokema), Carissa edulis (Agam), Maytenus gracilipes (Atat), Maytenus arbutifolia (Geram Atat), Bersama abyssinica (Azamer), Phoenix reclinata (Zembaba), Cissus qudrangularis (Yezehon Anjet), Capparis tomentosa (Gemero), Pteroloblum stellautm (Kentefa) e Mimusops kummel (Ishe), Gardenia termifolia, Hibiscus ludwigil, Ficus thonningii, Erythrina abyssinica (Kuwara), Ficus vasta (Warka) e Celtis Africana (Kewot).* É considerada uma mancha de floresta ribeirinha relativamente intacta, com um impacto mínimo de cultivo e povoamento. No entanto, sofre de recreação descontrolada, corte seletivo, remoção de plantas lenhosas e sobrepastoreio.

Shaquwarie (SH): Esta mancha florestal caracteriza-se principalmente por terrenos florestais em zonas montanhosas e pontos de vista espectaculares com uma composição vegetal diferente. Situa-se a sul de PTH, na margem oposta do rio Abay. As principais espécies lenhosas são *Securinega virosa (wonahi), Calpurnia aurea (Zegeta), Stereospermum kunthianum (zana) Grewia bicolor (Sumaya) Syzygium guineense (Dokema), Carissa edulis (Agam), Maytenus gracilipes (Atat), Maytenus arbutifolia (Geram Atat), Bersama abyssinica (Azamer), Capparis tomentosa (Gemero), Pteroloblum stellautm (Kentefa) e Mimusops kummel (Ishe), Stereospermum kunthianum (Zana), Acokanthera schimperi (Merz) Grewia ferruginea (Lenquwata), Clutia abyssinica (Feylefej) e Rumex nervosus (Embacho).* Inclui vegetação ribeirinha, de planalto e arbustiva de espécies lenhosas como *Euclea racemosa (Dedeho), Piliostigma thinning (yekola wanza,) Commiphora africana (ankwua) e Lannea schimperi (Worchbo).* Esta mancha florestal é interrompida por áreas de cultivo e povoamento até à margem do rio Abay e por áreas extremamente montanhosas caracterizadas por declives acentuados e quase em estado natural. Trata-se de uma mancha florestal típica fragmentada por elementos antropogénicos e naturais e única na sua composição vegetal lenhosa e estrutura fisionómica.

Arefamie, Reti e Tiqurbahir (ART): Extensos prados e árvores remanescentes muito dispersas com rochas ígneas que se estendem até às ilhas de Arefame e Reti, adjacentes às terras altas da colina de Kutetit, com um miradouro espetacular, são as principais caraterísticas desta mancha florestal. Inclui cursos de água altamente fragmentados que irrigam naturalmente as comunidades florestais sempre verdes de Arefame e a área cultivada de Rati estende-se até às ilhas de Tikurbahir. As principais plantas lenhosas são *Phoenix reclinata (Selen), Bridelia micrantha (yeneber tefer),*

Rhus glutinosa (Kamo), Cordia africana (wanza), Ficus vasta, e comunidades florestais densas dispersas nas ilhas dominadas por *Syzygium guineense (Dokema), Carissa edulis (Agam), Maytenus gracilipes (Atat),* está extremamente ameaçada pelo sobrepastoreio, desflorestação e, recentemente, plantação de *Catha edulis, Eucalyptus* Spp e vegetais durante a estação seca. Os residentes referiram que esta área estava coberta por uma densa vegetação ribeirinha antes de 20 anos *(Carissa edulis (Agam), Maytenus gracilipes (Atat), Bersam(abyssinica (Azamer), Phoenix reclinata (Zembaba), Pteroloblum stellautm (Kentefa) e Mimusops kummel (Ishe), Gardenia termifolia, Ficus thonningii, Erythrina abyssinica (Kuwara) e Faces vasta (Warka).* Os remanescentes destas espécies são ainda observados de forma dispersa no gradiente ripícola e relativamente densos nas ilhas.

Meskela Kurt, Forkit e Jib Godo: (MFJ): Esta mancha florestal estende-se da ART até à parte oriental da aldeia de Negda Mariam. Situa-se no meio do parque e é a parte mais sinuosa do rio Abay, formando grandes ilhas (Meskela e Jibgodo). O gradiente ribeirinho da sub-aldeia de Forkit tem extensas pastagens comunais e árvores dispersas com rochas ígneas interrompidas por estreitas faixas de relva em terrenos abertos. Esta mancha florestal é caracterizada principalmente por campos de irrigação extensivamente cultivados com culturas de frutos e de tabaco no gradiente ribeirinho. As espécies lenhosas das florestas densas das ilhas são *Syzygium guineense, Carissa edulis, Maytenus gracilipes, Maytenus arbutifolia, Bersama abyssinica, Phoenix reclinata, Cissus qudrangularis, Capparis tomentosa, Pteroloblum stellautm, Mimusops kummel e Grewia ferruginea, Diospros mespiliformis, Celtis africana, Dracaena steudneri e Phytolacca dodecandra..*

Deremambo Dongambo Yegod para Andasa (DDYA): Esta mancha florestal é dominada por bosques com rochas ígneas, habitats arbustivos, mesmo nas ilhas densamente fragmentadas de Drumambo e Andasa. As zonas ribeirinhas da DDYA foram utilizadas principalmente para pastagem no passado, mas atualmente estão a sofrer com a expansão das terras agrícolas de irrigação em pequena escala para a produção de tabaco. Esta mancha florestal é valorizada para fins sociais e tem potencial para o turismo. A água da nascente de Deremambo trata muitos doentes, incluindo residentes e líderes religiosos. As espectaculares bolhas de água sob os densos arbustos de Andassa e Dongambo ajudaram a manter esta mancha florestal quase no seu estado natural. Embora a densidade da população humana e a proximidade da cidade de Andassa sejam consideradas como uma ameaça para os ambientes naturais, as principais espécies cultivadas e os habitats são mais ou menos semelhantes aos de MFJ.

Yetefit, Sebato e Tigza (YST): Esta mancha florestal encontra-se nos prados extensos mais baixos da aldeia de Yegoma, adjacente à costa do rio Abay, que não tem ilhas extensas. A plantação de eucaliptos foi extensivamente cultivada, uma vez que a área estava coberta por plantas lenhosas dispersas e era insuficiente para as necessidades de plantas lenhosas da comunidade. As enormes plantas lenhosas dispersas de *Syzygium guineense, Carissa edulis, Maytenus arbutifolia, Phoenix reclinata, Mimusops kummel e Diospros mespiliformis* são frequentemente observadas na margem do rio em habitats dominados por rochas ígneas e com sub-bosque limpo. À medida que se afasta da margem do rio, as terras de pastagem abertas e extensas sofrem em grande parte com a expansão das terras agrícolas de actividades de irrigação em pequena escala para cultivar principalmente Chat e, em certa medida, legumes na estação seca, o que constitui uma ameaça dominante para a vegetação natural. As principais espécies que crescem no gradiente ribeirinho são os restos de *Ficus vasta, Ficus sycomorous, Cassia didymobotrya e Acacia seyal.*

O lado esquerdo do rio Abay nesta mancha florestal é diferente do lado direito, uma vez que é caracterizado por encostas de mato dominadas por arbustos interrompidas por parcelas agrícolas, mesmo no sopé das colinas e na margem do rio. Esta mancha florestal foi tipicamente caracterizada por desflorestação descontrolada, ausência de ilhas e meandros frequentemente alterados

Gores Ras Hailu a Bushit (GRB): Esta mancha florestal estende-se de YST para sul, ao longo do rio Abay, e caracteriza-se por uma floresta dispersa, de rocha ígnea, interrompida por terrenos abertos com relva nos habitats ribeirinhos, à direita, e por matos com arbustos nas encostas, à esquerda, e pela densa floresta insular de Gores e Rashailu. A composição da vegetação é mais ou menos semelhante à da DDYA. Tem cenários naturais espectaculares, como a queda de Ras Hailu e as colinas, que proporcionam diversas atracções e habitats, desde zonas húmidas a cumes de colinas. A vegetação ribeirinha de ambos os lados do rio é amplamente utilizada e é a floresta mais utilizada e os habitats degradados a partir da ART. No entanto, as florestas intactas de Gores e as ilhas fragmentadas acima de Ras Hailu ainda se encontram quase no estado natural e mostram claramente a beleza natural da área e a dependência da conservação da floresta remanescente. caminhos fluviais e inundações do curso do rio no lado direito e terras montanhosas e arbustivas no lado esquerdo. A maioria dos terrenos abertos da margem do rio é dominada por arbustos *de Cassia didymobotrya*, considerados localmente como espécies invasoras.

Abogerdam, Serevej to Tis Abay (ASTA): Encontra-se a noroeste da cidade de Tis Abay, acima da queda do Nilo Azul. Os habitats ribeirinhos desta mancha florestal são compostos por prados e árvores enormes dispersas com sub-bosque limpo, mesmo na margem do rio. Os arbustos e as árvores de pequeno porte são utilizados de forma exaustiva. É utilizada para pastoreio e como fonte de lenha e apenas *se observam* frequentemente enormes restos de árvores isoladas de *Syzygium guineense, Mimusops kummel e Diospros mespiliformis e arbustos de Maytenus arbutifolia, Phoenix reclinata e Cissus qudrangulari.* A ilha desta mancha florestal é também muito utilizada para as parcelas agrícolas de cana-de-açúcar do mosteiro de Abogedam e as ilhas acima da queda são a principal fonte de lenha. Esta mancha florestal estava intacta e altamente protegida antes de dez anos. O estabelecimento do mosteiro e a expansão da cultura da cana-de-açúcar expuseram as plantas lenhosas protegidas a uma utilização extensiva e à diminuição da base natural. No entanto, como a área é utilizada como local de passagem para os visitantes da queda do Nilo Azul, a proteção e o controlo da vegetação natural receberam pouca atenção. O local florestal vizinho visitado fora do parque para a identificação da composição natural da floresta ripícola foi o campus da escola do primeiro e segundo ciclos de Tis Abay. A visita de duas horas e a identificação da floresta natural revelaram sessenta e uma espécies de plantas lenhosas de espécies arbóreas indígenas. Trata-se do melhor sítio e de um indicador da composição natural da floresta ripícola desta mancha florestal.

Mulielit kachura até à queda do Nilo Azul (MKBNF): Esta mancha florestal encontra-se na parte inferior do parque e estende-se desde o rio Abay até à direção do mosteiro de Wonkeshet. É uma área que compreende a elevação mais baixa e mais alta (1621 metros na margem do rio perto da pequena ponte e 1937 metros no topo da colina Mulelit) do parque. As plantas lenhosas desta mancha florestal foram utilizadas para diferentes fins e um grande número de pessoas da cidade de Tis Abay depende inteiramente dela como fonte de subsistência, vendendo um a dois feixes de lenha por dia. Embora a face natural desta mancha florestal esteja ameaçada pelo sobrepastoreio, a desflorestação, a colonização e a expansão das terras agrícolas, foram ainda registados vestígios de plantas lenhosas de crescimento natural e a maioria das espécies são peculiares e crescem excecionalmente apenas nesta mancha florestal. Estas espécies incluem *Otostegia integrifolia (Tinjut), Caloptropis procera (Tobiyaw), Ficus thonningii (Chibha), Maytenus senegalensis (kokeba), Dracaena steudneri (Topatos), Ensete ventricosum, Ficus ovate Ficus vasta, Maerua anolensis (Yewonz sheto), Buddleja poystochya (Anfar), Albizia schimperiana (Sendel) e Bersama abyssinica (Azamer), Dombeya torrida (wulhefa) e Boswellia pirottae (Yetan zafe).*

5.2 Diversidade e abundância relativa de espécies lenhosas
5.2.1 Diversidade e distribuição das plantas lenhosas

Das 140 espécies lenhosas registadas no estudo em diferentes manchas florestais, foram identificadas e descritas 136 espécies representando 68 famílias. Foram registadas nos quadrantes das parcelas oitenta e duas espécies em manchas florestais ribeirinhas e quarenta e oito em manchas florestais insulares (quadros 12 e 13). Foram registadas noventa e três espécies nos quadrantes de estudo, tanto nas manchas florestais ribeirinhas como nas insulares, das quais 37 espécies eram comuns às zonas ribeirinhas e insulares, 45 espécies foram registadas apenas nas zonas ribeirinhas e 11 espécies apenas nas ilhas, tendo sido utilizadas na análise da diversidade, abundância relativa, regularidade e similaridade das plantas lenhosas. As restantes 47 espécies foram registadas fora dos quadrantes de estudo. Das 68 famílias, 36 foram representadas por uma única espécie. As famílias representadas por um elevado número de espécies foram *Euphorbiaceae, Fabaceae e Moraceae* com 9, 8 e 6 espécies, respetivamente. A média geral da proporção de cobertura vegetal foi de 52,5% de árvores e 47,5% de arbustos. Nas manchas de floresta ripícola, 50,9% de árvores e 49,2% de arbustos, enquanto que nas ilhas 54,2% de árvores e 45,8% de arbustos. A cobertura arbórea era ligeiramente elevada em muitas das manchas florestais insulares, mas a proporção de árvores e arbustos era semelhante nas manchas florestais ribeirinhas (Quadro 2 & 1).

Tabela 1. Proporção de formas vegetais em manchas de floresta ripária

Não	Manchas de floresta ripícola	% de árvores	% de arbusto
1	*Godguade para Amorawons (GA)*	54.2	45.8
2	*Revegetação de Bezawit (BR)*	51.7	48.3
3	*Bezawit Amorawonz para Burefeses (BAB)*	49.1	50.9
4	*Peda Tekelehayimanot (PTH)*	43.9	56.1
5	*Shakuwarie (SH)*	44.4	55.6
6	*Arefame, Rete to Tikur Bahir (ART)*	47.6	52.4
7	*Meskela, Forkit, Jib Godo e Forkit (MFJ)*	56.7	43.3
8	*Deremambo, Dongambo, Yegod para Andasa (DDYA)*	57.6	42.4
9	*Ytefit, Sebato para Tigiza (YST)*	53.6	46.4
10	*Gorest, Rashailu e Bushit (GRB)*	50.0	50.0
11	*Abogedam, Serevej e Tis Abay (ASTA)*	50.0	50.0
12	*Queda de Mulilit, Kachura e Nilo Azul (MKBNF)*	51.3	48.7
	Média	50.84	49.16

Tabela 2. Proporção de formas vegetais nas manchas florestais insulares

Não	*Manchas florestais insulares*	% de árvores	% de arbusto
1	Tekelehayimanot (TH)	54.5	45.5
2	Arefame to Reti (AR)	51.7	48.3
3	Meskela para Jib Godo (MJ)	56.3	43.8
4	Deremambo para Andasa (DA)	54.8	45.2
5	Gores para Rashailu (GR)	56.3	43.8
6	Abogedam para Tis Abay (ATA)	51.4	48.6
	Média	54.2	45.8

A diversidade em termos de abundância (plantas individuais), riqueza (número de espécies) e uniformidade (distribuição) de plantas lenhosas foi registada em diferentes manchas florestais de zonas ribeirinhas e ilhas. O maior número de plantas lenhosas registado na mancha de floresta ribeirinha (0,48ha) foi de 911 em Bezawit Amorawonz a Burefeses, seguido de 411 em Peda Tekelehymanot, enquanto o maior número de espécies lenhosas foi de 53 em Bezawit Amorawonz a Burefeses, seguido de 41 em Peda Teklehymanot. O número mais baixo de plantas individuais foi 123 em Arefamie, Reti a Tikurbahir, seguido de 157 em Abogedam Serevej a Tis Abay e o número mais baixo de espécies foi registado 20 em Gores Rashailu a Bushit e 21 em Arefamie Reti a Tikurbahir (quadro 4). Relativamente às ilhas, a abundância mais elevada foi de 693 em Meskela a Jibgodo e a riqueza de 35 em Abogedam a Tis Abay, enquanto a abundância e a riqueza mais baixas foram de 348 e 29 em Arefame a Reti (quadro 5).

Tabela: 3. Diversidade de espécies lenhosas em diferentes manchas florestais da floresta ripária

Manchas florestais	Riqueza de espécies	Abundância /0,48 ha/	Espécies Frequência em %	Densidade individual /ha	H1	Hmax	Regularidade H1/Hmax
Bezawit Amorawonz para Burefeses	53	911	64.63	1898	3.9215	4.0000	0.9804
Peda Tekelehayimanot	41	411	50.00	856	3.0888	3.7000	0.8348
Godguade para Amorawons	24	409	29.27	852	2.2296	3.2000	0.6968
Revegetação de Bezawit	29	318	35.37	663	3.0900	3.4000	0.9088
Ytefit, de Sebato a Tigiza	28	250	34.15	521	2.3694	3.5000	0.6770
Meskela, Forkit, Jib Godo e Forkit	30	249	36.59	518	2.8327	3.4000	0.8331
Gorest, Rashailu e Bushit	20	244	24.39	508	2.4914	2.9500	0.8445
Deremambo, Dongambo, Yegod para Andasa	33	216	40.24	450	3.0676	3.5000	0.8765
Shakuwarie	36	183	43.90	381	3.2791	3.6000	0.9109
Mulilit, Kachura e Queda do Nilo Azul	39	172	47.56	358	3.3154	3.6500	0.9083
Abogedam, Serevej e Tis Abay	22	157	26.83	327	2.5044	3.1000	0.8079
Arefame, Rete para Tikur Bahir	21	123	25.61	256	2.6002	3.0500	0.8525
Total/Média	T= 82	M=304	M=38.21	M=633	M=2.9701	M=3.420 8	M=0.8682

Tabela: 4. Diversidade de espécies lenhosas em diferentes manchas florestais das ilhas

Ilhas ou Kurt	Riqueza de espécies	Abundância /0,48ha/	Frequência em %	Densidade (plantas /ha)	H1	Hmax	Regularidade H1/Hmax
Meskela para Jib Godo	32	693	66.67	1444	3.0395	3.4600	0.8785
Deremambo para Andasa	31	612	64.58	1275	3.1993	3.4000	0.9410
Gores para Rashailu	32	609	66.67	1269	3.3681	3.4500	0.9763
Abogedam a Tis Abay	35	510	722.92	1063	3.3184	3.5500	0/9348
Tekelehayimanot	33	450	68.75	938	3.2887	3.5000	0.9396
Arefame para Reti	29	348	60.42	725	3.1597	3.4000	0.9293
Total/Média	T=48	M=537.00	M=66.67	M=1119	M=3.2290	M=3.46	M=0.9332

O índice médio de diversidade de plantas lenhosas em 12 manchas de floresta ribeirinha foi $H_{i=2}$,9701. O valor máximo de H_1 = 3,9215 foi registado na mancha florestal de Bezawit Amorawonz Burefeses, seguido de H_1 =3,3154 em Mulilit, Kachura e Blue Nile Fall, enquanto que o valor mínimo de H_1 =2,2296 foi registado em Godeguwadie para Amorawonz. O índice de uniformidade para mostrar a distribuição média das espécies lenhosas nas diferentes manchas de floresta ribeirinha foi H/H_{max} = 0,8682 e o máximo H/H_{max} = 0,9804 registou-se na mancha florestal de Bezawit Amorawonz a Burefeses, enquanto o H/H mais baixo$_{max}$ = 0,6770 se registou em Yetefit Sebato a Tigza (Quadro 3). Da mesma forma, os índices de diversidade e de equitabilidade foram calculados em 6 manchas florestais insulares. A média H_1 = 3.2290 foi calculada em diferentes manchas florestais insulares e o máximo H_1 =3.3681 foi em Gores para Rashailu e o menor H_1 =3.0395 foi em Meskela para Jibgodo. Enquanto a uniformidade média entre as manchas das ilhas foi H/H_{max} = 0,9332, o máximo H/H_{max} = 0,9763 foi calculado entre Gores Rashailu e Bushit e o menor H_1 = 0,8785 entre Meskela Kurt e Jibgodo (Quadro 4). A maior densidade de plantas lenhosas (plantas individuais/ ha) nas manchas de floresta ripícola foi registada (1898 plantas em BAB) enquanto a menor densidade foi em ART (256 plantas) (Quadro 4). Entre as florestas

nas ilhas, a densidade mais elevada foi de 1444 plantas em MJ e a mais baixa de 725 plantas foi registada em AR (quadro 4).

Para verificar as diferenças estatísticas na associação da abundância e riqueza de plantas lenhosas em três gradientes ripícolas (na margem do rio, a 100 e 200 metros da margem do rio) e nas ilhas de cada fragmento florestal, foram implementadas a ANOVA de Sir Ronald Fisher (1923) e *o teste de intervalo múltiplo de Duncan (*DMRT). Houve uma diferença significativa (P>0,010) no número de plantas lenhosas individuais e de espécies entre os gradientes ripários à medida que se afastava da margem do rio. Mas não houve diferença estatística significativa (P<0.010) entre parcelas no mesmo gradiente (declive) ao longo das linhas de transecto (Tabela 5 & 6).

O registo médio mais elevado do número de plantas e espécies no gradiente ripícola da BAB na RSL foi de 86,00A e 27,50A, respetivamente, e o registo mais baixo foi de 12,75H na SH e 5,75 na BR, respetivamente (Tabela, 7). Quanto ao gradiente ripário a 100m da RSL o maior número de plantas e espécies foi de 79,75A e 26,00A na BAB e o menor foi de 7,75F e 2,75F na ASTA. E no gradiente ripário a 200m da RSL o maior número de indivíduos e espécies foi obtido 62,00A e 23,50A na BAB e o menor *6,75G e 2,50E* na ASTA (Tabela 7).

Tabela:5 ANOVA para diferenças no número de plantas individuais (abundância) em gradientes ripícolas

Fonte de variação	Grau de liberdade	Soma de quadrados	Quadrados médios	Valor F calculado	Valor F tabelado (rácio F)
Quadrados (parcelas)	3	32.743	10.914	0,2354 NS	3.98
Gradiente ripário	2	2367.514	1183.757	25.5356**	4.82
Manchas florestais	11	41248.076	3749.825	80.8898**	2.37
Gradientes ripícolas vs. manchas florestais	22	7360.319	334.560	7.2170***	1.98
Erro	105	4867.507	46.357		

O coeficiente de variabilidade (CV) = 26,91% indica uma possível variabilidade na recolha de dados e

*desenho... *** Mostra a diferença significativa a P>0,010 e NS= sem diferença estatística*

Tabela: 6 ANOVA para diferenças no número de espécies (riqueza) em gradientes ripários

Fonte de variação	Grau de liberdade	Soma de quadrados	Quadrados médios	Valor F calculado	Valor F tabelado (Alfa 0,01)
Quadrados (parcelas)	3	2.778	0.926	0.1329NS	3.98
Gradiente ripário	2	250.264	125.132	17.954**	4.82
Manchas florestais	11	4121.889	574.717	53.7708**	2.37
Gradientes ripícolas vs. manchas florestais	22	690.236	31.574	4.5021**	1.98
Erro	105	731.722	6.969		

CV= 25,68%

Tabela.7 Diferenças médias na abundância e riqueza de plantas lenhosas no gradiente ripário em diferentes manchas no quadrante 20m x20m usando o DMRT (Teste de intervalo múltiplo de Duncan)

Manchas florestais	Abundância (número de plantas individuais)			Riqueza (número de espécies)			Abundância média	Riqueza média
	RSL	100m	200m	RSL	100m	200m		
AG	20.51F	41.00B	40.75B	8.00E	10.50D	10.00C	34.08B	9.5CD
AG	20.51F	41.00B	40.75B	8.00E	10.50D	10.00C	34.08B	9.5CD
BR	13.50GH	30.50C	35.75C	5.75F	12.75C	10.00C	26.58BC	10.43C
BAB	86.00A	79.75A	62.00A	27.50A	26.00A	23.50A	75.92A	25.67A
PTH	42.00B	34.00C	26.75D	17.00B	15.00B	15.00B	34.25B	15.67B
SH	12.75H	16.75DE	16.25D	8.50E	10.25D	10.75C	15.25DE	9.83CD
ARTE	16.50FGH	7.25F	7.00G	8.00E	5.00F	2.00E	10.25E	5.00F
MFJ	36.50C	15.50E	10.00FG	14.00C	6.50E	4.50D	20,67CD	8.33CDE
DDYA	28.25DE	17.50DE	8.25FG	12.00D	9.00D	4.50D	20,83CD	8.50CDE
YST	36.25C	16.25DE	10.00FG	10.50D	6.25E	4.750D	18.00CD	7.17DEF
GRB	30.25D	20.50D	10.25FG	10.50D	5.75E	5.00D	20.33CD	7.08DEF
ASTA	24.75E	7.75F	6.75G	11.50D	2.75F	2.50E	13.08DE	5.58EF
MKBNF	17.75FG	13.00E	12.25EF	11.00D	10.00D	10.75	14.33DE	10.58C
	P=0.010			P=0.010			P=0.010	P=0.010
	SE+-1.135			SE+-0,4400			SE+-1,965	SE+- 0,7621

NB. Os resultados da análise DMRT que têm a mesma letra em cada coluna não têm diferença significativa

Para verificar a semelhança das espécies de plantas lenhosas (riqueza) entre as diferentes manchas florestais do gradiente ripícola, foi utilizado o índice de semelhança de Simpson SI =2C/A+B (Quadro 9). Foi calculado um SI máximo = (19) 0,9268 entre as manchas florestais de ART e GRB, uma vez que têm habitats e espécies de plantas lenhosas semelhantes, seguido de resultados semelhantes SI = (27) 0,8571 entre DDYA Vs MFJ, e ASTA Vs GRB. A similaridade mais baixa foi calculada SI = (17) 0,4658 entre BAB Vs GRB. Da mesma forma, o índice de similaridade também foi calculado para as ilhas e o SI mais elevado foi (27) 0,8182 entre ATA Vs DA, seguido de (26) 0,7761 entre ATA Vs MJ, enquanto o SI mais baixo = (21) 0,6462 foi calculado entre GR e

TH (quadro 8).

Tabela: 8. Número comum de espécies de plantas lenhosas e similaridade entre diferentes fragmentos florestais de matas ciliares, calculados pelo Índice de Similaridade de Simpson.

Forest patches, number of species and similarity index												
Code	GA	BR	BAB	PTH	SH	ART	MFJ	DDYA	YST	GRB	ASTA	MKBNF
SPP	24	29	53	41	36	21	30	33	28	20	22	39
GA	24	(15) 0.5660	(19) 0.4935	(19) 0.5846	(14) 0.4667	(17) 0.7556	(15) 0.5556	(16) 0.5614	(17) 0.6538	(16) 0.7273	(16) 0.6957	(15) 0.4762
BR	29	-----	(25) 0.6098	(20) 0.5714	(18) 0.5538	(15) 0.6000	(19) 0.6441	(20) 0.6452	(17) 0.5965	(14) 0.5714	(14) 0.5490	(20) 0.5882
BAB	53	------	-------	(27) 0.5745	(34) 0.7640	(20) 0.5405	(23) 0.5542	(26) 0.6047	(25) 0.6173	(17) 0.4658	(18) 0.4800	(31) 0.6739
PTH	41	------	-------	----	(26) 0.6753	(19) 0.6129	(22) 0.6197	(23) 0.6216	(22) 0.6377	(17) 0.5574	(17) 0.5397	(25) 0.6250
SH	36	------	-------	----	----	(19) 0.6667	(22) 0.6667	(22) 0.6377	(18) 0.5625	(17) 0.6071	(15) 0.5172	(23) 0.6133
ART	21	------	-------	----	----	----	(19) 0.7451	(19) 0.7037	(19) 0.7755	(19) 0.9268	(16) 0.7442	(17) 0.5667
MFJ	30	------	-------	----	----	----	-------	(27) 0.8571	(23) 0.7931	(18) 0.7200	(16) 0.6154	(21) 0.6087
DDYA	33	------	-------	----	----	------	-----	----	(24) 0.7869	(19) 0.7170	(17) 0.6182	(24) 0.6667
YST	28	------	-------	----	-----	------	-----	-----	----	(19) 0.7917	(18) 0.7200	(20) 0.5970
GRB	20	------	-------	----	-----	------	-----	-----	----	----	(18) 0.8571	(16) 0.5424
ASTA	22	------	-------	----	-----	------	-----	-----	----	-----	-----	**(17) 0.557377**
MKBNF	39	------	-------	----	-----	-------	-----	-----	----	-----	-----	-------

NB. Os números entre parêntesis () indicam o número de espécies comuns

Tabela:9 Número comum de espécies lenhosas e semelhança entre as diferentes manchas florestais das ilhas, calculadas pelo índice de semelhança de Simpson.

Manchas florestais, número de espécies e índice de similaridade						
Manchas florestais	TH	AR	MJ	DA	GR	ATA
Número de Spp	33	29	32	31	32	35
TH		(21) 0.6774	(24) 0.7385	(22) 0.6875	(21) 0.6462	(25) 0.7353
AR	29	-	(23) 0.7541	(21) 0.7000	(20) 0.6557	(22) 0.6875
MJ	32	--	---	(24) 0.7619	(23) 0.7187	(26) 0.7761
DA	31	-	---	---	(22) 0.6984	(27) 0.8182
GR	32	-	-	---	----	(25)0.7463
ATA	36	--	---	---		-

A relação entre o número de plantas lenhosas individuais e as espécies foi calculada utilizando a análise de correlação de spearmen. Os dados mostraram que havia uma correlação elevada entre o número de plantas lenhosas e as espécies r= 0,869 a P=0,010. O número médio da população de plantas lenhosas na área de amostragem das ilhas, na margem do rio, a 100 m e a 200 m foi de 45,0, 30,4, 25,0 e 20,50, respetivamente. Da mesma forma, o número de espécies foi de 18,8, 12,0,

10,00 e 8,9, respetivamente, calculado a partir dos dados de cada gradiente.

5.2.2 Densidade e abundância relativa das espécies lenhosas

Foram calculadas a abundância individual das espécies lenhosas; a densidade, a abundância relativa e a contribuição percentual da frequência. A média global da densidade de plantas lenhosas nas zonas ribeirinhas e nas ilhas foi de 633 e 1119, respetivamente (quadros 3 e 4), com 7,71 plantas por espécie nas florestas ribeirinhas (quadro 11) e 24 nas ilhas (quadro 12). A abundância relativa média global nas zonas ribeirinhas foi de 1,2%, com uma taxa de distribuição de 12,2% por espécie (quadro 11), enquanto na floresta insular foi registada uma abundância relativa de 2,08%, com 21,1% de distribuição por espécie (quadro 12). Assim, 43,90% das plantas lenhosas da vegetação ribeirinha apresentavam uma abundância relativa inferior a 1% e eram raras de encontrar, ao passo que apenas 12,5% das plantas das ilhas se enquadravam em classes de cobertura raras. Cerca de 50% da vegetação ripícola e 77% da vegetação lenhosa das ilhas são classificados em classes de cobertura comuns. Com base na observação pessoal do investigador sobre a estimativa do coberto vegetal em que os quadrantes de 144 quadrantes de parcelas nos habitats ribeirinhos 15,3% se encontravam sob sombra elevada 49,85% sob sombra moderada 34,9% em áreas abertas.

Tabela: 10 Classes de cobertura e abundância de espécies lenhosas

Pontuação de abundância	Capa	Abundância relativa %	Número de espécies		Proporção em %	
			Gradiente ripário	Ilhas	Gradiente ripário	Ilhas
1	Raro	<1	36	6	43.90	12.50
2	Comum	1-5	41	37	50.00	77.08
3	Abundante	6-25	5	5	6.10	10.42
4	Dominante	26-50	--	---	--	---
5	Altamente dominante	>50	---	---	---	---
	Número total/% Spp	130	82	48	63.08	36.92

No gradiente ripícola, as dez espécies mais abundantes, por ordem decrescente, foram *Eucalyptus camaldulensis (Key Baher Zaf), Cassia didymobotrya (Serkabeba), Maytenus arbutifolia (Geram Atat), Carissa edulis (Agam), Syzygium guineense (Dokema), Securinega virosa (Wonahi), Calpurnia aurea (Zegeta), Pteroloblum stellautm (Kentefa), Cassia singueana (Gufa)* e *Lantana camera (Lantana)*. Por outro lado, as espécies menos abundantes foram *Otostegia integrifolia (Tinjut), Caloptropis procera (tobiyaw), Ficus thonningii (Chibha) Osyris quadripartite (Keret), Maytenus senegalensis (Kokeba), Ricinus communis (Gulo), Dracaena steudneri (Topatos), Ensete ventricosum (Gunaguna), Ficus ovata (Kef)* e *Zizyphus mucronata (Gaba Kurkura)* (quadro 11).

Número de espécies lenhosas registadas em todos os fragmentos florestais da área de amostragem ribeirinha, ordenadas por ordem decrescente de **abundância** (indivíduos em 5,76 ha de área amostrada), **densidade** (número de indivíduos/ha), **abundância relativa** (proporção de espécies individuais em relação à população total) e **frequência** (percentagem de quadrantes em que a espécie foi registada) na Tabela 11.

Tabela: 11 Espécies registadas, abundância, densidade e frequência na área de amostragem ripícola

Classificação	Nome científico	Abundância	Densidade	Abundância relativa em %	Frequência (%)
1	Eucalipto camaldulensis	335	58.16	9.20	18.06
2	Cassia didymobotrya	245	42.53	6.74	41.67
3	Maytenus arbutifolia	170	29.51	4.68	47.22
4	Carissa edulis	168	29.17	4.61	40.97
5	Syzygium guineense	166	28.82	4.57	45.83
6	Securinega virosa	156	27.08	4.28	36.81
7	Calpurnia aurea	145	25.17	3.98	45.14
8	Pteroloblum stellautm	138	23.96	3.79	36.81
9	Cassia singueana	125	21.70	3.43	34.72
10	Câmara de Lantana	123	21.35	3.38	19.44
11	Catha edulis	101	17.53	2.77	6.94
12	Capparis tomentosa	89	15.45	2.44	30.56
13	Justicia schimperana	80	13.89	2.20	13.89
14	Mimusops kummel	77	13.37	2.11	25.69
15	Caesalpina decapetala	71	12.33	1.95	18.75
16	Croton macrostachyus	71	12.33	1.95	29.86
17	Fénix reclinata	66	11.46	1.81	22.92
18	Pittosporum viridifolium	66	11.46	1.81	18.75
19	Cordia africana	65	11.28	1.78	34.03
20	Cissus qudrangularis	62	10.76	1.70	22.22
21	Acokanthera schimperi	58	10.07	1.59	19.44
22	Diospros mespiliformis	52	9.03	1.43	22.22
23	Dichrostachys cinera	50	8.68	1.37	9.03
24	Vernonia amygdalina	46	7.99	1.26	10.42
25	Achanthus eminens	45	7.81	1.24	9.72
26	Sesbania sesban	43	7.47	1.18	11.81
27	Ficus sycomorus	40	6.94	1.10	26.39
28	Grewia ferruginea	40	6.94	1.10	14.58
29	Clutia abyssinica	38	6.60	1.04	4.17
30	Dodonaea viscosa	37	6.42	1.02	5.56
31	Rhus glutinosa	34	5.90	0.93	15.28
32	Acácia-senegalesa	33	5.73	0.91	9.72
33	Buddleja poystochya	30	5.21	0.82	9.03

34	Steganotaenia araliaceae	29	5.03	0.80	18.06
35	Ocimum lamiifolium	28	4.86	0.77	8.33
36	Jasminum grandiflorm	26	4.51	0.71	6.94
37	Agava sisalana	26	4.51	0.71	4.17
38	Bersama abyssinica	25	4.34	0.69	9.72
39	Erythrina abyssinica	25	4.34	0.69	9.03
40	Ficus vasta	24	4.17	0.66	16.67
41	Celtis africana	23	3.99	0.63	13.19
42	Acácia abissínia	22	3.82	0.60	7.64
43	Combretum collinum	20	3.47	0.55	6.25
44	Milletia ferruginea	20	3.47	0.55	5.56
45	Commiphora africana	20	3.47	0.55	9.72
46	Maytenus gracilipes	18	3.13	0.49	0.00
47	Albizia malacophylla	16	2.78	0.44	7.64
48	Achanthus sennii	16	2.78	0.44	2.78
49	Stereospermum kunthianum	16	2.78	0.44	11.11
50	Grewia bicolor	16	2.78	0.44	8.33
51	Ximenia americana	15	2.60	0.41	7.64
52	Entada abyssinica	14	2.43	0.38	6.25
53	Solanum indicum	14	2.43	0.38	4.17
54	Albizia schimperiana	13	2.26	0.36	10.42
55	Sida ovata	13	2.26	0.36	6.94
56	Mimosa invasa	13	2.26	0.36	5.56
57	Gardenia termifolia	12	2.08	0.33	5.56
58	Euclea racemosa subsp schimperi	11	1.91	0.30	5.56
59	Hibisco ludwigil	11	1.91	0.30	4.17
60	Melia azedarach	10	1.74	0.27	2.78
61	Persea americana	8	1.39	0.22	2.08
62	Lannea schimperi	8	1.39	0.22	3.47
63	Combretum molle	7	1.22	0.19	4.86
64	Olea capensis	7	1.22	0.19	3.47
65	Piliostigma thonningii	7	1.22	0.19	4.17
66	Nuxia congesta	6	1.04	0.16	2.08
67	Clausena anisata	4	0.69	0.11	2.78
68	Psidium grajava	4	0.69	0.11	1.39
69	Rumex nervosus	4	0.69	0.11	2.08
70	Sapium ellipticum	4	0.69	0.11	2.08

71	Jacarandá mimosifolia	3	0.52	0.08	1.39
72	Opuntuia ficus-indica	3	0.52	0.08	1.39
73	Otostegia integrifolia	3	0.52	0.08	1.39
74	Caloptropis procera	2	0.35	0.05	1.39
75	Ficus thonningii	2	0.35	0.05	1.39
76	Osyris quadripartita	2	0.35	0.05	0.69
77	Maytenus senegalensis	2	0.35	0.05	1.39
78	Ricinus communis	2	0.35	0.05	1.39
79	Dracaena steudneri	1	0.17	0.03	0.69
80	Ensete ventricosum	1	0.17	0.03	0.69
81	Ficus ovata	1	0.17	0.03	0.69
82	Zizyphus mucronata	1	0.17	0.03	0.69
	Média	44.43	7.71	1.23	12.24

As espécies mais abundantes nas ilhas (Quadro 12) foram *Syzygium guineense (Dokema), Carissa edulis (Agam), Maytenus gracilipes (Atat), Maytenus arbutifolia (Geram Atat), Bersama abyssinica (Azamer), Phoenix reclinata (Zembaba), Cissus qudrangularis (Yezehon Anjet), Capparis tomentosa (Gemero), Pteroloblum stellautm (Kentefa)* e *Mimusops kummel (Ishe)*, enquanto as espécies menos abundantes foram *Gardenia termifolia, Mimosa invasa, Hibiscus ludwigil, Ricinus communis, Stereospermum kunthianum, Zizyphus mucronata, Milletia ferruginea, Ensete ventricosu , Ficus thonningii* e *Nuxia congesta*. Tanto as espécies mais abundantes como as menos abundantes nas ilhas correspondiam à composição natural típica das espécies, o que mostra provavelmente a face natural da composição e estrutura dos habitats ribeirinhos.

Número de espécies lenhosas registadas em diferentes manchas florestais da área de amostragem das ilhas, ordenadas por ordem decrescente de **abundância** (indivíduos em 0,96 ha de área amostrada), **densidade** (número de indivíduos/ha), **abundância relativa** (proporção de espécies individuais em relação à população total) e **frequência** (percentagem de quadrantes em que a espécie foi registada) no Quadro 12

Tabela: 12 Espécies registadas, abundância, densidade e frequência na área de amostragem das ilhas

Classificação	Espécies	Abundância	Densidade	Abundância relativa em %	Frequência (%)
1	*Syzygium guineense*	104	108.33	9.69	83.33
2	*Carissa edulis*	78	81.25	7.27	75.00
3	*Maytenus gracilipes Supsp arguta*	68	70.83	6.34	66.66
4	*Maytenus arbutifolia*	58	60.42	5.41	58.33
5	*Bersama abyssinica*	51	53.13	4.75	50.00
6	*Fénix reclinata*	46	47.92	4.29	70.83
7	*Cissus qudrangularis*	43	44.79	4.01	62.50
8	*Capparis tomentosa*	39	40.63	3.63	45.83

9	Pteroloblum stellautm	34	35.42	3.17	66.66
10	Mimusops kummel	34	35.42	3.17	45.83
11	Grewia ferruginea	33	34.38	3.07	33.33
12	Vernonia amygdalina	32	33.33	2.98	20.83
13	Calpurnia aurea	29	30.21	2.70	8.33
14	Grewia bicolor	29	30.21	2.70	12.5
15	Pittosporum viridifolium	28	29.17	2.61	62.50
16	Sesbania sesban	24	25.00	2.24	12.5
17	Rhus vulgaris	24	25.00	2.24	4.16
18	Clutia abyssinica	22	22.92	2.05	4.16
19	Caesalpina decapetala	19	19.79	1.77	4.16
20	Rhus glutinosa	19	19.79	1.77	4.16
21	Bridelia micrantha	18	18.75	1.68	4.16
22	Eucalipto camaldulensis	17	17.71	1.58	8.32
23	Sapium ellipticum	17	17.71	1.58	4.16
24	Entada abyssinica	16	16.67	1.49	4.16
25	Acokanthera schimperi	14	14.58	1.30	4.16
26	Diospros mespiliformis	14	14.58	1.30	62.50
27	Celtis africana	13	13.54	1.21	12.50
28	Dracaena steudneri	13	13.54	1.21	4.16
29	Jasminum abyssinicum	13	13.54	1.21	8.32
30	Phytolacca dodecandra	11	11.46	1.03	8.32
31	Dombeya torrida	11	11.46	1.03	4.16
32	Ficus sycomorus	10	10.42	0.93	20.83
33	Albizia schimperiana	10	10.42	0.93	4.16
34	Clausena anisata	9	9.38	0.84	4.16
35	Ficus ovata	9	9.38	0.84	4.16
36	Cassia singueana	8	8.33	0.75	4.16
37	Albizia malacophylla	8	8.33	0.75	4.16
38	Ficus vasta	7	7.29	0.65	8.32
39	Gardenia termifolia	6	6.25	0.56	8.32
40	Mimosa invasa	6	6.25	0.56	4.16
41	Hibisco ludwigil	5	5.21	0.47	4.16
42	Ricinus communis	5	5.21	0.47	4.16
43	Stereospermum kunthianum	4	4.17	0.37	4.18
44	Zizyphus mucronata	3	3.13	0.28	4.16
45	Milletia ferruginea	3	3.13	0.28	4.16
46	Ensete ventricosum	3	3.13	0.28	4.16
47	Ficus thonningii	3	3.13	0.28	4.16
48	Nuxia congesta	3	3.13	0.28	4.16
	Média	67.06	24.25	2.08	21.09

5.2.3 Espécies endémicas e indicadoras

As espécies endémicas são as que se encontram apenas na Etiópia e que se supõe serem um alvo prioritário para o estabelecimento de áreas protegidas naturais como "endemismo". O BDNRMP é igualmente dotado de espécies endémicas de plantas lenhosas e ervas, tendo sido identificadas 13 espécies neste estudo, numa escala aproximada de avaliação. Estas incluem *Milletia ferruginea* (Berbera), *Boswellia pirottae* (Yetan zaf), *Acanthus senii* (Kosheshela key Ababa), *Rhus glutinosa* (sete kamo) *Otostegia tomentosa* (Tenjut **Meselj** *Vernonia leopoldii* (Chibo,), *Acacia abyssinica* (yabesha gerar), *Cussonia ostinii* (*ChakmitJ Bidens macroptera* (Adey Ababa) herbácea, *Echinops kebericho* (Keberecho), *Urtica simensis* (Sama) herbácea *Trifolium shimperi* (Maget) herbácea e *Cirsium shimperi* (Yaheya Ishoh/ Kosheshela) herbácea. As primeiras oito espécies estão registadas na lista vermelha da IUCN (Jose *et al.*, 2005, Mesfin Tadesse, 1995).

Do mesmo modo, foram identificadas catorze espécies indicadoras, como principal caraterística da composição florestal, com base na sua importância para a existência de outras espécies, na sua ampla distribuição, adaptação e utilização para diferentes fins em diferentes manchas florestais. Trata-se de *Maytenus arbutifolia, Carissa edulis, Syzygium guineense, Mimusops kummel, Croton macrostachyus, Phoenix reclinata, Cordia africana, Acokanthera schimperi, Diospros mespiliformis, Ficus vasta, Celtis africana, Acacia abyssinica, Milletia fer ruginea* e *Grewia bicolor*. As espécies indicadoras foram o principal indicador dos modos de utilização das plantas lenhosas vivas e foram utilizadas para indicar o nível de desflorestação e o estado das plantas lenhosas.

5.3 Habitats, utilização de plantas lenhosas e ameaças associadas
5.3.1 Plantas lenhosas cobertura estrutural
A estratificação vertical da cobertura vegetal das três categorias de estratos de vegetação (Árvore, arbusto e sub-bosque) e outros usos do solo foram estimados utilizando as técnicas de estimativa de cobertura de Braun Blanquet (1932)". através da observação repetida pelo investigador a partir do ponto mais alto para avaliar a proporção de cobertura de cada estrato; sistemas de utilização de habitats e plantas lenhosas e o seu estado, Nas ilhas a cobertura arbórea era elevada, mas não noutros sistemas de uso do solo (42,7% de árvores, 29,7% de arbustos, 15,7% de sub-bosque e 12,0% de outros usos do solo).

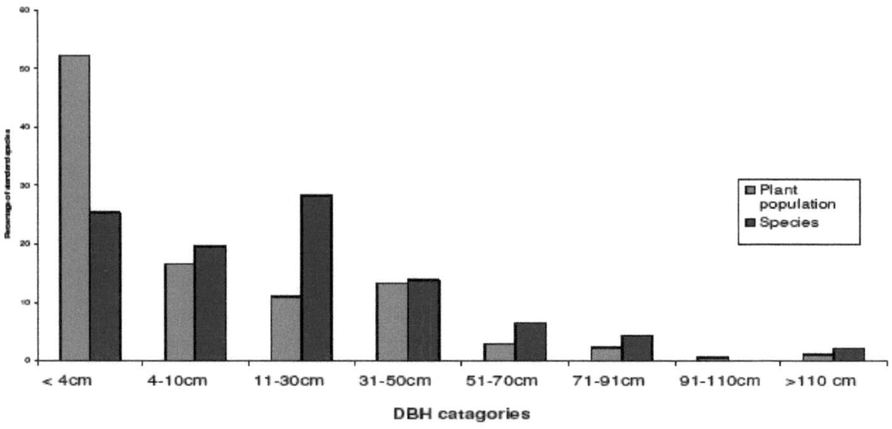

Figura: 4. Proporção de plantas lenhosas e espécies nas classes de DAP

No gradiente ripícola, a estimativa média de cobertura foi de 20,1% de árvores, 27,5% de arbustos, 32,9% de sub-bosque e 19,7% de outros usos do solo. A proporção do coberto vegetal e de outros usos do solo em todas as manchas florestais foi de 27,6% de árvores, 28,2% de arbustos, 27,1% de sub-bosque e 17,1% de outros usos do solo.

A densidade de todas as plantas lenhosas registadas em diferentes manchas florestais do gradiente ribeirinho foi classificada em 8 categorias de DAP com base na distribuição dos requisitos de DAP para diferentes estratos de plantas lenhosas (Fig. 4). A densidade de plantas lenhosas < 4 cm de DAP foi de 52,3% dos indivíduos que pertencem a 25,4% das espécies. Enquanto que o DAP de 4-10cm medido em 16,6% das plantas lenhosas compreendia 19,6% das espécies. O DAP de 11-30cm abrange 11% das plantas lenhosas e 28,3% das espécies. O DAP 31-50cm abrange 13,3 % das plantas lenhosas e 13,8% das espécies. As restantes quatro classes de DAP abrangem 6,9% dos indivíduos e 13% das espécies. Por conseguinte, o gráfico construído sobre as plantas individuais e as espécies a partir do resultado do DAP mostrou que as manchas florestais (Fig.4) compreendem uma estrutura florestal em forma de J invertido de todas as plantas lenhosas, contrariamente à estrutura saudável em forma de J do coberto florestal dominado por plantas lenhosas de DAP elevado.

5.3.2 Habitat e utilização de plantas lenhosas

Foi efectuada uma investigação para identificar os principais habitats naturais e os correspondentes sistemas de utilização. Foram identificados sete habitats distintos baseados na vegetação com várias proporções de cobertura em diferentes manchas florestais. Estes incluem 1= Terrenos arborizados mistos modificados (MMWL), 2= Terras altas arborizadas (WUL), 3= Prados abertos (OGL), 4= Prados com rochas ígneas (GLIR), 5= Terrenos arborizados com rochas ígneas (WLIR), 6= Floresta com cobertura densa (FDC) e 7= Terras húmidas (WL).

Os sistemas de utilização são direcionados quer para os habitats quer para a vegetação natural para diversos fins. O primeiro era altamente devastador e acabava com a conversão completa da cobertura natural, enquanto o segundo dependia da quantidade de utilização e do modo de limpeza e corte. Estes habitats foram explorados através de sete sistemas de utilização principais que dependem em grande medida das necessidades de subsistência dos residentes. Os sistemas prioritários de utilização dos habitats em diferentes manchas florestais foram o pastoreio, o cultivo, o povoamento, a floresta comunal, o recreio, a plantação e as reuniões sociais. Os sistemas de utilização prioritária das plantas lenhosas são a construção, combustível e carvão, medicamentos e saneamento, alimentos, rações, vedação e sombra, venda, mobiliário e ferramentas agrícolas. Muitos dos habitats naturais são altamente utilizados para satisfazer estes sistemas de utilização diretamente ou juntamente com a utilização indireta do famoso rio Abay para diferentes actividades espirituais, culturais, de desenvolvimento de infra-estruturas, transportes e outras actividades económicas.

5.3.3 Pressão, ameaças e causas associadas

Fundo Mundial para a Natureza (WWF) A análise da pressão e das ameaças segundo Ervin J. (1993) definiu a pressão como tendências para a gravidade no passado e as ameaças como probabilidade ou meio de subsistência de gravidade no futuro ou potencial foram medidas através da extensão, impacto e permanência. As respostas dos inquiridos sobre as pressões e ameaças e a observação visual das actividades antropogénicas revelaram as ameaças prioritárias impostas aos habitats naturais e às espécies lenhosas. Foram identificadas sete grandes pressões e ameaças, em grande parte devidas a uma utilização excessiva e incorrecta. São elas o corte e a limpeza, a fragmentação, a expansão das terras agrícolas e da colonização, o sobrepastoreio, a modificação, a alteração da direção do rio e as espécies invasoras (Quadro 13). De acordo com a prioridade dos residentes, o sobrepastoreio, o corte de madeira para diferentes fins através da remoção da parte aérea ou vegetal e a limpeza do sub-bosque (sub-bosque) e a expansão das terras agrícolas e da colonização foram as três primeiras pressões e ameaças tanto para os habitats naturais como para as plantas lenhosas. As alterações nas vias fluviais e as inundações sazonais, a modificação da vegetação natural e a expansão de espécies invasoras foram as menos prioritárias.

Para ver a contribuição de cada efeito de pressão e ameaça em função da extensão, o impacto e a permanência f (E x I x P) foram comparados (Quadro 12). O grau de pressão no passado foi grave no sobrepastoreio seguido de corte e limpeza, enquanto se registou uma pressão baixa na mudança de direção do rio e na modificação da vegetação natural. A probabilidade de ocorrência de ameaças no futuro poderá ser moderada no caso do sobrepastoreio, da introdução de espécies invasoras, da expansão das terras agrícolas e da colonização, seguida da modificação dos ambientes naturais, da fragmentação, do corte e da limpeza. A menor ameaça poderá ser a alteração das vias fluviais (Quadro 13).

Tabela: 13 Contribuição das pressões e ameaças para diferentes escalas de medição

Ameaças e pressões	Pressão					Ameaça				Deg
	Tendência	Extensão	Impacto	Permanência	Grau (ExIxP)	Probabilidade	Extensão	Impacto	Permanência	Grau (ExIxP)
Cortar e cortar	4	3	4	3	36	4	3	3	2	18
Fragmentação	4	3	4	2	24	5	3	3	2	18
Expansão das terras agrícolas e povoamento	4	3	3	3	27	4	3	4	2	24
Sobrepastoreio	5	4	4	4	64	5	3	4	3	36
Modificação	5	4	2	2	16	5	3	2	3	18
Mudança da direção do rio	4	2	2	4	16	4	2	1	1	2
Espécies invasoras	5	3	3	2	18	5	4	4	2	32
Média	4	3	3	3	29	5	3	3	2	21

Nota: A extensão, o impacto e a permanência das pressões e ameaças foram medidos utilizando uma escala de classificação de 1 a 4 e o **grau de pressão** com a **pontuação F(I x E x P)**, que representa 5= Grave 49-64, 4= elevado 33-48, 3= Moderado 17-32 e 2 = Baixo 1-16 (Anexo 3)

A média geral (Quadro 13) da tendência de pressão múltipla foi de aumento ligeiro e generalizado (15-50% de extensão) com impacto elevado a longo prazo (20 - 100 anos), permanência para reabilitação até ao seu estado quase natural com grau moderado a elevado de pressão f (E x I x P). O potencial de continuidade destas ameaças no futuro foi previsto com uma probabilidade muito elevada de ocorrência generalizada (15-50% da extensão), com um impacto elevado associado a médio prazo (5-20 anos) e uma permanência para reabilitação até ao seu estado quase natural se forem tomadas medidas adequadas a tempo, com um grau de ameaça baixo a moderado f (E x I x P) (Quadro 13). A análise das pressões e ameaças de cada floresta, apresentada no Anexo 6, revelou uma variabilidade nas estratégias de gestão e na abordagem dos sistemas de utilização.

As pressões e ameaças têm prevalecido devido às respectivas forças motrizes ou causas. A identificação das forças motrizes ou causas das pressões e ameaças pode ser vital para a seleção dos objectivos de gestão e conservação no desenvolvimento da reabilitação e da utilização sustentável. Por conseguinte, foram identificadas nove causas prioritárias como causas principais, incluindo (Pobreza e forte dependência da natureza (PSDN), Aumento da população e utilização dos recursos (IPRU), Estreitamento do espetro de utilização da floresta (NSFU), Falta de sistemas de gestão adequados (LSMS), Falta de instituição ou de legislação em causa (LCIL), Queda na valorização do ambiente natural no passado (FVNEP), Baixo nível de utilização de tecnologias melhoradas (LLITU), Procura especial e fins múltiplos (SDMP) e Desigualdade na gestão e nos benefícios (IMB). Das nove causas de degradação de habitats e plantas lenhosas, o PSDN, o LSMS e o IPRU foram as causas mais prioritárias de desflorestação e degradação. O IMB, a LLITU e o FVNEP foram relativamente menos prioritários, gerando um impacto negativo elevado nos habitats e nas plantas lenhosas.

Tabela: 14 Estado das plantas vivas das espécies indicadoras

Classificação	Espécies	Quebrado Vivo %	Cepos de talhadia %	Dano % (BA+CS)
1	*Grewia bicolor (GB)*	54.17	33.33	87.50
2	*Phoenix reclinata(PR)*	33.33	50.00	83.33
3	*Carissa edulis(CE)*	44.83	24.14	68.97
4	*Maytenus arbutifolia (MA)*	36.67	33.33	70.00
5	*Acacia abyssinica (AA)*	25.00	25.00	50.00
6	*Ficus vasta(FV)*	25.00	25.00	50.00
7	*Acokanthera schimperi(AS)*	20.00	40.00	60.00
8	*Mimusops kummel (MK)*	30.77	15.38	46.15
9	*Croton macrostachyus (CM)*	25.00	25.00	50.00
10	*Cordia africana (CA)*	36.36	9.09	45.45
11	*Syzygium guineense (SG)*	24.14	20.69	44.83
12	*Diospros mespiliformis (DM)*	22.22	11.11	33.33
13	*Celtis africana (CA)*	25.00	25.00	50.00
14	*Milletia ferruginea (MF)*	25.00	25.00	50.00

As espécies indicadoras eram as espécies reveladoras mais proeminentes do parque e o seu estado era o efeito da desflorestação e da degradação dos habitats em diferentes manchas florestais registadas como plantas lenhosas vivas (SA), vivas quebradas (BA), cepos copados (CS)/ da área de amostragem. A proporção e a frequência dos danos em relação ao total de plantas vivas (danos BA + CS) foram calculadas e apresentadas no quadro 15. A extensão dos danos de desflorestação por remoção de ramos de espécies lenhosas, cortados acima do solo a partir da regeneração como vivos partidos e contagem de cepos de talhadia foram severos em *Grewia bicolor* 87,50% *e Phoenix reclinata* 83,33%. Os danos mínimos foram observados nas plantas vivas *Diospros mespiliformis* **33,33%** e *Syzygium guineense* 44,83%.

Capítulo 6. Discussão

6.1 Caraterísticas das manchas florestais

A investigação de campo através de verificações no terreno identificou a variabilidade da composição das plantas lenhosas e dos habitats em termos de configuração física e fisionómica, tais como o coberto vegetal, o habitat, a composição das espécies, os sistemas de utilização, as pressões e as ameaças e as causas associadas em diferentes manchas florestais. Ao analisar principalmente as caraterísticas da vegetação, os sistemas de classificação fisionómica (estratos) indicaram que as comunidades vegetais existentes em diferentes manchas florestais constituíam uma importante fonte de informação para avaliar a integridade da diversidade das espécies lenhosas e dos sistemas de utilização. Esta variabilidade resultou em grande parte de factores naturais e antropogénicos discutidos em 6.3.

Placa 2. Face natural dos habitats de vegetação em diferentes paisagens no BDNRMP da esquerda para a direita Bezawit, Arefame e PTH

Quanto às caraterísticas de cada mancha florestal, por exemplo, a GA caracterizou-se principalmente pela modificação da floresta natural através da colonização, plantação e produção de estimulantes (chat) e construção de infra-estruturas. A face natural da cobertura vegetal lenhosa desta mancha florestal é alterada por outras plantas lenhosas que servem principalmente para fins económicos e de proteção, dependendo do interesse do proprietário da parcela de terreno em causa, uma vez que muitas das áreas são propriedade de habitantes urbanos. A BR é também uma mancha florestal modificada, mas o seu objetivo é completamente diferente do da GA. O coberto florestal de vegetação natural foi modificado através da revegetação com espécies arbóreas indígenas, com o objetivo de reservar a área para a conservação da composição indígena das espécies florestais. Todas as outras manchas florestais foram também caracterizadas por uma mancha florestal ripícola modificada e por florestas relativamente intactas nas ilhas, variando entre florestas densas de folha perene, extensas rochas ígneas abertas, prados e florestas dispersas dominadas por árvores ribeirinhas e arbustos, e extensas terras altas dominadas por vegetação ribeirinha e arbustiva. Por conseguinte, as caraterísticas de cada fragmento florestal diferem umas das outras, sendo indispensável a recolha de amostras para o estudo da diversidade das plantas lenhosas, da utilização, da identificação das ameaças e das causas, o que poderá fornecer referências para um estudo mais aprofundado e para o desenvolvimento de abordagens de gestão adequadas.

A composição natural indígena principal das espécies comuns encontradas em abundância relativamente elevada nas diferentes manchas florestais é apresentada nos quadros 12 e 13, que revelam as caraterísticas das diferentes manchas florestais do BDNRMP. Assim, as manchas florestais do parque apresentam uma composição vegetal em mosaico, que vai do ribeirinho ao planalto. A estrutura da vegetação com diversos habitats e paisagens naturais foi modificada por diferentes factores antropogénicos, frequentemente considerados como ameaças. A variabilidade das caraterísticas físicas, a composição das espécies, a estrutura e os efeitos antropogénicos revelaram diferenças entre as manchas florestais da área de estudo. Esta maior complementaridade está de acordo com o raciocínio de Ganzalo (1998) de considerar cada mancha florestal como um sítio de monitorização de paisagem distinto

6.2 Diversidade, abundância relativa e distribuição das espécies lenhosas

Das 140 espécies lenhosas registadas, 136 foram categorizadas na sua forma vegetal, representando 68 famílias, das quais 79 eram árvores, 45 arbustos e 12 trepadeiras e epífitas. Apenas 93 espécies lenhosas foram registadas em quadrantes de parcelas e utilizadas para a análise da diversidade, distribuição e utilização. As restantes 47 espécies foram registadas fora dos quadrantes das parcelas e distribuíram-se mesmo em áreas que foram transformadas para outros usos.

Em estudos anteriores nas florestas do Lago Tana, IBDC, (2005) foram identificadas 57 espécies lenhosas em 32 famílias e na floresta de terras altas de Tara Gedam, a norte do Lago Tana, foram identificadas 52 espécies em 35 famílias, tal como na península de Zegie foram identificadas 113 espécies lenhosas em 52 famílias (Alemenew Alelegne, 2001). Isto indica que as florestas do lago Tana e da bacia do rio Abay ainda não estão suficientemente estudadas ou que a distribuição das espécies é desigual e existe em ecossistemas complexos e em mosaico. Das 68 famílias registadas no BDNRMP, 36 representavam uma única espécie. Isto indica que a diversidade de plantas lenhosas não se limita à abundância e riqueza, mas também ao número de famílias.

No BDNRMP, o número total de espécies (82) nas manchas de floresta ripícola foi superior ao número de espécies (48) nas ilhas. Isto indica que o número de plantas lenhosas na zona ribeirinha era elevado devido à variabilidade dos habitats e das caraterísticas do terreno. As plantas lenhosas nas ilhas estavam relativamente seguras e naturalmente protegidas e apoiadas por uma humidade suficiente irrigada naturalmente em todas as estações. Por outro lado, a densidade, que foi utilizada para avaliar a utilização individual das plantas nos habitats das ilhas (1119 plantas por ha), foi superior à dos habitats ribeirinhos (633 plantas por ha). Este facto pode dever-se à homogeneidade do habitat e à necessidade de uma adaptação especial e de um número limitado de espécies de plantas higroscópicas para este sistema de vegetação. Por conseguinte, cada espécie foi representada com um elevado número de plantas nas ilhas do que nos habitats ribeirinhos. A densidade, o número de plantas por espécie, a abundância relativa e a percentagem de distribuição de cada espécie foram mais elevados nas ilhas do que nos habitats ribeirinhos. É correto dizer que as ilhas têm uma floresta mais densa do que os habitats ribeirinhos e que cada espécie está representada por um elevado número de plantas. Em comparação com a densidade média de plantas lenhosas em Zegie 3318h (Alemnew Alelegne, 2001) e Chilimo 1088/ha no sul da Etiópia, a densidade no BDNRMP foi inferior à de Zegie e Chilimo (Abate Ayalew, 2003).

A diversidade foi calculada utilizando H1 para avaliar as diferenças estatísticas na abundância relativa (contribuição de cada planta para a população total). A média global de H1 =3,2290 nas ilhas e H_1 = 2,9701 indica a existência de povoamentos altamente representativos nas ilhas do que nas florestas ribeirinhas e mostra uma diferença estatística na diversidade da abundância de plantas individuais entre as manchas de florestas ribeirinhas e insulares. No entanto, nos mesmos habitats ribeirinhos, tais como BAB e MKBNF com H_1 =3,9215 e H_1 =3,3154, respetivamente, foram calculados índices mais elevados do que o índice médio das ilhas. Este facto demonstrou a existência de povoamentos representativos na BAB e na MKBNF, ainda melhores do que algumas manchas florestais e do que a média geral da diversidade nas ilhas. Em comparação com estudos semelhantes efectuados por Alemenew Alelegne, (2001) na floresta montana de terras altas secas de Zegie, o índice H_1 = 3,72. Isto indica que a diversidade global de espécies lenhosas em diferentes florestas do BDNRMP é relativamente mais baixa do que em Zegie, mas ainda assim com uma diversidade elevada. Contudo, a mancha florestal densa de BAB H_1 =3,9215 foi superior à de Zegie.

O índice médio de uniformidade (distribuição dos indivíduos entre as espécies) foi calculado na zona ribeirinha H_1 /H_{max} =.0.8682 e nas ilhas H_1 /H_{max} =0.9332. Isto indica que a distribuição das plantas por espécie é mais desigual nas manchas florestais ribeirinhas do que nas ilhas, o que significa que muitas das espécies nas ilhas têm uma abundância semelhante à das espécies ribeirinhas. Isto pode dever-se à dominância de poucas espécies ou à remoção selectiva de espécies para diferentes fins, o que afecta extremamente o número disponível de plantas individuais em cada mancha florestal. A mancha florestal de AG era altamente dominada pela plantação de *Eucalyptus camaldulensis* e por espécies invasoras locais de *Cassia didymobotrya*, o que torna o sítio pouco homogéneo em termos de plantas lenhosas disponíveis.

A percentagem de frequência ou ocorrência de espécies foi calculada para avaliar a contribuição das diferentes manchas florestais na riqueza a partir do rácio entre as espécies de cada mancha florestal e o número total de espécies identificadas na área total de estudo. A maior frequência de ocorrência de espécies na zona ripícola foi de 4,63% e 50,00% nas manchas florestais BAB e PTH com 53 e 41 espécies respetivamente e nas ilhas 72,92% na ATA seguida de 68,75% com 36 e 33 espécies respetivamente. Isto indica que a conservação e a proteção eficazes destas manchas florestais podem garantir a conservação do respetivo número de espécies de entre todas as espécies registadas nos quadrantes das parcelas da área de amostragem. Por conseguinte, a seleção aleatória de uma única mancha florestal com conservação e controlo eficazes pode garantir a conservação ou manutenção de intervalos de 24,39-64,63% nas florestas ribeirinhas e de 60,42-

72,92% nas florestas insulares.

Para quantificar a semelhança de espécies (riqueza) de dois locais de amostragem de manchas florestais, foi calculado um SI máximo = (19) 0,9268 entre ART Vs GAB em habitats ribeirinhos e SI=0,8182 entre ATA Vs DA de manchas florestais insulares. Ainda assim, verificou-se uma variabilidade significativa na riqueza entre manchas florestais avaliadas através da matriz de correlação de pares. Por exemplo, as manchas florestais ribeirinhas de ART, MFJ, DDAY e GRB eram mais ou menos semelhantes, uma vez que estão sujeitas a ameaças de sobrepastoreio, expansão de terras agrícolas e utilização para apoiar comunidades agrárias, uma vez que estão longe das zonas urbanas. Acredita-se que se o índice de semelhança exceder SI= 0,6000, considera-se que são mais ou menos semelhantes. A modificação da vegetação natural através da substituição de algumas espécies-alvo pode diminuir a diversificação e, ao mesmo tempo, aumentar a dominância, o que reduz o índice e o nível relativamente baixo de semelhança geral na distribuição das espécies.

A relação global entre as plantas individuais e as espécies correspondentes foi altamente correlacionada com r=0,8690 a P=0,010, o que mostrou que a abundância e a riqueza são, em geral, diretamente proporcionais. Ao mesmo tempo, tanto a riqueza como a abundância diminuíram à medida que se passava das ilhas para a margem do rio e depois para os gradientes ripícolas. No entanto, algumas manchas florestais, por exemplo MKBNF, ART e DDYA, apresentavam um número relativamente elevado de espécies e um número reduzido de plantas individuais, o que provavelmente resultava de uma desflorestação descontrolada e da utilização exploratória de algumas espécies selecionadas. Por outro lado, houve uma diferença estatisticamente significativa tanto na riqueza como na abundância e na sua interação em todas as manchas florestais a P=0,010 ao longo dos gradientes ripícolas (ilhas, margem do rio, 100m e 200m de distância da margem do rio), mas não houve diferença significativa tanto na riqueza como na abundância ao longo da linha de transecto ou nos mesmos gradientes ripícolas. Este facto revela que a composição de espécies e a cobertura estrutural diminuem significativamente quando nos afastamos da linha de costa do rio. Isto deveu-se a um aumento dos efeitos antropogénicos nas manchas de floresta natural perto de povoações humanas, explorações agrícolas e outras infra-estruturas ou, naturalmente, devido a diferenças altitudinais, de humidade e de temperatura. Do mesmo modo, a análise DMRT mostrou uma variabilidade significativa tanto na riqueza como na abundância nos gradientes ripícolas ao longo e dentro das manchas florestais, o que constituiu um indicador típico da variabilidade na composição das espécies e na abundância individual das plantas tanto nas diferentes manchas florestais como nos gradientes ripícolas. A diferença de significância da ANOVA e do DMRT indicou a necessidade de desenvolver estratégias de conservação e gestão adequadas relativamente à situação dos gradientes e ilhas ribeirinhos para atenuar a degradação das plantas lenhosas e dos habitats através do tratamento das causas em cada mancha florestal e gradiente.

A abundância relativa de cada espécie em relação à população total em todas as manchas florestais (quadros 10 e 11) mostrou que, no gradiente ripícola, as dez primeiras espécies são compostas por 30% de árvores e 70% de arbustos e outras plantas lenhosas, enquanto nas ilhas 40% são árvores e 60% arbustos. Em comparação com a proporção global de formas de plantas lenhosas em riqueza, 58,57% eram árvores e 41,33% eram arbustos e outras espécies lenhosas. Corresponde aos estudos semelhantes efectuados em Zegie por Alemenew Alelegne, (2001) em Zegie 56,32% eram árvores 43,68% eram arbustos e outras espécies lenhosas. A contribuição das árvores para a riqueza é relativamente elevada. No entanto, a contribuição das árvores para a abundância, a abundância relativa e a densidade foram baixas em ambos os estudos. Este é um indicador típico da variação da abundância e da riqueza e da situação insalubre de ambos os sítios relativamente ao seu estado natural. Como as espécies lenhosas de copa mais alta estão sujeitas a desflorestação, a sua contribuição para a riqueza indica principalmente a sua existência, porque os efeitos naturais e antropogénicos da perturbação prevaleceram principalmente através da diminuição do número e da contribuição da cobertura das plantas mais altas (árvores de copa) e da remoção da cobertura do solo ou do sub-bosque. Este facto foi verificado no estudo pelas primeiras dez espécies (Quadro 11 & 12) relativamente abundantes em manchas de floresta ripícola, contribuindo com 48,66% do total e das quais apenas 17,75% são árvores e 30,91% arbustos e outras espécies lenhosas.

Nas manchas florestais das ilhas, as primeiras dez espécies relativamente abundantes contribuem com 59,66% do total, das quais 21,9% são árvores e 39,86% são arbustos e outras plantas lenhosas. Da mesma forma, os resultados em Zegie (Alemenew Alelegne, 2001) mostraram que as dez primeiras espécies contribuíram com 35% do total, dos quais 25% foram contribuídos pelo *café Arábica*. Isto indica que as plantas lenhosas no dossel mais alto são relativamente encontradas nas ilhas com densas e quase no estado natural, que estava pouco longe de ser perturbado por efeitos antropogénicos. Isto pode estar diretamente relacionado com a naturalidade e a menor perturbação das manchas florestais das ilhas do que das florestas ribeirinhas.

6.3 Utilização de habitats e plantas lenhosas

A proporção de cobertura estrutural de espécies lenhosas e outras formas de vegetação (árvores, arbustos, cobertura do solo) e outros usos do solo em cada mancha florestal mostrou uma proporção de cobertura semelhante de arbustos em diferentes gradientes e ilhas ribeirinhas, uma vez que muitas das espécies arbóreas não foram fisicamente atendidas até ao nível esperado de altura e cobertura de copa devido ao efeito de utilização extensiva.

As comparações de abundância relativa da cobertura de espécies lenhosas nas zonas ribeirinhas e nas ilhas da área de estudo indicaram que 43,90% das plantas lenhosas na vegetação ribeirinha tinham uma abundância relativa inferior a 1% e eram raras de encontrar, enquanto apenas 12% nas ilhas se enquadravam em classes de cobertura raras. Cerca de 50% da vegetação ribeirinha e 77% da vegetação lenhosa das ilhas estão classificadas em classes de cobertura comuns. Assim, havia muitas espécies que são difíceis de encontrar numa caminhada de curta distância devido à sua raridade causada pela sobre-exploração.

A medida estrutural de DAP em plantas lenhosas resultou num maior número de plantas lenhosas nas classes mais baixas de DAP (<4cm DAP). Cerca de 52,2% do número disponível de plantas era dominado por árvores e arbustos de pequeno porte, o que indica que as plantas lenhosas do parque e o coberto florestal estavam sob forte perturbação e degradação do habitat. Apenas algumas espécies arbóreas de grande porte, dispersas e remanescentes, apresentavam medidas de DAP em classes de tamanho elevado (>10cm). Este facto mostra claramente a presença de apenas alguns remanescentes de árvores de grande porte, normalmente difíceis de reabilitar.

Placa 3. A efeitos da intervenção humana na fase ativa de conversão da vegetação natural da esquerda para a direita Colina Mulilit, Peda Tekelehaymanot e margem do rio Abay a leste do campus principal da BDU

A intervenção humana através da utilização, incluindo o gado, alterou significativamente o padrão de cobertura arbórea e arbustiva da estrutura natural, sendo maior nos locais insalubres (TPW, 1995) das manchas de floresta ribeirinha do que nas ilhas. A maior parte das zonas ribeirinhas (ART, MFJ, DDYA, YST e GRB) eram geralmente dominadas por terrenos mais nus, prados abertos e afloramentos de rocha ígnea, enquanto as zonas de montanha de BAB, SH, MKBNF e alguns matagais à esquerda do rio, dominados por afloramentos de rocha desgastada, foram consideradas como zonas insalubres. Este facto mostra que a utilização de plantas lenhosas e de habitats foi o indicador típico da relação entre a comunidade e as áreas naturais, em grande medida dependente da decisão de gestão. Foram identificados sete habitats distintos baseados na vegetação, com várias proporções de cobertura em diferentes manchas florestais, que são alvo da respectiva utilização. Os sistemas de utilização foram direcionados quer para os habitats quer para a vegetação natural para diversos fins. Foi observada a remoção completa da vegetação nos habitats utilizados para outros usos da terra, como o cultivo, a colonização e o sobrepastoreio.

A avaliação global dos habitats naturais e dos sistemas de utilização de plantas lenhosas indicou que a polivalência ou o maior número de utilizações dadas às plantas lenhosas são a causa do enorme impacto da utilização pela comunidade, que resultou numa grave degradação do estado e da estrutura das espécies vegetais. Por outro lado, a polivalência das plantas lenhosas aumentou a procura de conservação e a prioridade de manutenção e reabilitação dos habitats naturais e das plantas lenhosas associadas.

6.4 Pressão e ameaças sobre as plantas lenhosas e os habitats

Foram identificadas sete grandes pressões e ameaças aos habitats e às plantas lenhosas, que são desastrosas para as plantas lenhosas e os seus habitats naturais, embora dependam do modo de remoção do seu estado de vida saudável. As comunidades locais são os agentes imediatos das perturbações dos habitats e das plantas lenhosas. Estas elevadas taxas de pressões e ameaças resultam, em grande parte, da má utilização dos habitats e das plantas lenhosas. Os efeitos prioritários das pressões e ameaças impostas aos habitats naturais e às espécies lenhosas foram a remoção das partes acima do solo ou das plantas e a limpeza do sub-bosque (sub-bosque), o sobrepastoreio e a expansão das terras agrícolas e da colonização. A expansão de espécies invasoras, as alterações nas vias fluviais, as inundações sazonais e a modificação da vegetação natural foram os factores que tiveram menos efeitos negativos nos habitats naturais e nas plantas lenhosas.

A análise de pressões múltiplas mostrou que a tendência de pressão aumentou acentuadamente com um grau elevado de pressão cumulativa, enquanto a continuidade das ameaças no futuro foi prevista como elevada, com permanência a médio prazo para reabilitação até ao seu estado quase natural, se forem tomadas medidas adequadas a tempo. Isto permite uma grande oportunidade de reabilitar tanto os habitats ameaçados como as plantas lenhosas para o estado de cobertura quase natural num futuro próximo.

Todas as ameaças têm as suas próprias forças motrizes categorizadas como causas da degradação dos habitats e das plantas lenhosas. A identificação das forças motrizes ou causas das pressões e ameaças pode ser vital para a seleção dos objectivos de gestão e conservação no desenvolvimento de sistemas de reabilitação e utilização sustentável.

Placa 4 Modos de conversão da vegetação natural em diferentes formas, da esquerda para a direita: modificação por plantação e povoamento, revegetação por espécies semelhantes, substituição por outros compostos de vegetação e cobertura natural desmatada deixada com afloramento rochoso e mato.

Das nove causas de degradação dos habitats e das plantas lenhosas, a pobreza e a forte dependência da natureza (PSDN), a falta de sistemas de gestão adequados (LSMS) e o aumento da população e da utilização dos recursos (IPRU) foram as causas mais prioritárias para a desflorestação e a degradação. A Desigualdade na Gestão e nos Benefícios (IMB), o Baixo Nível de Utilização Melhorada (LLITU) e a Não Valorização do Ambiente Natural no Passado (FVNEP) foram relativamente as causas menos prioritárias na geração de um impacto negativo elevado nos habitats e nas plantas lenhosas.

A desflorestação em plantas vivas foi estimada em 14 espécies indicadoras que apresentavam espécies indicadoras de plantas lenhosas em 30,67% como quebradas vivas e 28,86 como cepos de talhadia, com um total de 54,89% apresentando condições anormais de vida ou de cobertura de copa.

A desflorestação por remoção de ramos de espécies lenhosas e o corte acima do solo para regeneração como "broken alive" e a contagem de cepos de talhadia foram severos em *Grewia bicolor* e *Phoenix reclinata* das espécies registadas. Os danos mínimos foram observados nas plantas vivas *Diospros mespiliformis* e *Syzygium guineense*.

Capítulo 7. Conclusão e recomendação

7.1 Conclusões

Na classificação dos ecossistemas da Etiópia, o BDNRMP enquadra-se no ecossistema complexo de florestas montanhosas secas e pradarias do Lago Tana. Caracteriza-se por florestas ribeirinhas sempre-verdes, florestas secas de montanha, zonas húmidas nas margens dos rios e um sistema de vegetação complexo dominado por ilhas fragmentadas (IBDC, 2005).

As diferentes manchas florestais do parque são reservatórios de espécies florestais ribeirinhas e de montanha espectaculares, com uma paisagem atraente e espécies endémicas e ameaçadas de extinção. Delimitar a área do parque é um esforço indispensável para manter as espécies e os seus habitats, e um meio essencial para sustentar a diversidade, estabilizar o clima e proteger a bacia hidrográfica para conservar as florestas naturais e utilizar o turismo sustentável.

Os cursos de água ribeirinhos e as margens dos rios são identificados como o maior depósito de espécies lenhosas típicas de florestas ribeirinhas densas e de animais selvagens associados, nomeadamente répteis, anfíbios e uma grande variedade de aves, bem como de um grande volume de água no sistema de parques. As florestas de montanha em mosaico são também compostas por diferentes espécies lenhosas e as paisagens que se estendem a partir das manchas ribeirinhas são indispensáveis para formar um ecossistema completo e cenários topográficos complexos.

A presença de espécies endémicas torna a área única e satisfaz os critérios de prioridade para a seleção de áreas protegidas. Algumas áreas únicas de manchas florestais fragmentadas são vitais para a conservação da composição específica das plantas lenhosas e da estrutura fisionómica. O estudo do padrão de uniformidade e de semelhança indicou que a diversidade de espécies lenhosas e as semelhanças em algumas manchas florestais mostraram que as manchas florestais do parque se encontram relativamente em estado natural e o padrão de habitats mostrou a importância de cada mancha florestal para a conservação de diversas plantas lenhosas do parque, onde algumas manchas são especializadas em determinadas espécies. A proteção de toda a estrutura de cobertura da vegetação é indispensável para a conservação da vida selvagem, uma vez que esta é utilizada como habitação, alimentação e defesa e mantém o equilíbrio natural.

Entre as várias pressões e ameaças às plantas lenhosas e aos habitats naturais, as mais prevalecentes foram o corte de madeira para diferentes fins, através da remoção das partes acima do solo ou das plantas e da limpeza do sub-bosque (sub-bosque), o sobrepastoreio e a expansão das terras agrícolas e da colonização. A expansão de espécies invasoras, as alterações nas vias fluviais e as inundações sazonais e a modificação da vegetação natural foram as menos afectadas pelos efeitos negativos nos habitats naturais e nas plantas lenhosas. No entanto, a classificação e as respostas foram o reflexo do efeito nos respectivos meios de subsistência dos inquiridos. Além disso, o conhecimento dos inquiridos era limitado sobre as espécies invasivas registadas a nível nacional, enquanto a *Lanatana camera* e a *Aegimonia mexicana* (medafie) foram observadas em muitas áreas. *A Lanatana camera*, em particular, tem invadido as florestas densas naturais de Bezawit e é utilizada como ornamental, vedação e sombra em áreas modificadas de povoamento e sítios recreativos de Godeguadie a Amorawonz.

O grau de pressão no passado foi elevado no sobrepastoreio seguido de corte e limpeza, enquanto a pressão moderada foi exercida na mudança da direção do rio seguida de modificação da vegetação natural. A probabilidade de ocorrência de ameaças no futuro pode ser elevada na modificação de ambientes naturais, seguida de corte e limpeza e expansão de terras agrícolas e povoamento. A análise das pressões e ameaças múltiplas indicou que, apesar de as pressões e ameaças prioritárias serem predominantes em todas as manchas florestais com escala variável, existe uma grande oportunidade para reabilitar os habitats ameaçados e as plantas lenhosas para o seu estado natural. A permanência ou a reabilitação podem ocorrer a médio ou longo prazo, dependendo do esforço de gestão e da decisão adequada dos decisores políticos.

As causas das ameaças às plantas lenhosas e aos habitats resultam, em grande parte, da exploração descontrolada dos recursos florestais durante longos anos, fortemente ligada ao padrão de vida tradicional ao longo do rio, da dependência excessiva da natureza e da utilização incorrecta dos habitats e das plantas lenhosas. Por conseguinte, as principais causas de ameaça aos habitats e às plantas lenhosas são a pobreza e a forte dependência da natureza (PSDN), a falta de sistemas de gestão adequados (LSMS) e o aumento da população e da utilização dos recursos (IPRU). A desigualdade na gestão e nos benefícios (IMB), o baixo nível de utilização de tecnologias melhoradas (LLITU) e a não valorização do ambiente natural no passado (FVNEP) tiveram efeitos menores na degradação dos habitats e da diversidade.

Todas as causas de perturbação e devastação de ambientes naturais estão interligadas e não é possível abordar uma delas sem ter em conta as outras. A definição de prioridades e as opções de redução poderiam ser priorizadas em função das causas identificadas, incorporando a decisão da comunidade. A conservação da biodiversidade das diferentes manchas florestais não pode ser alcançada sem a participação direta da comunidade a todos os níveis. No entanto, o envolvimento da comunidade local no processo de delineamento e legalização foi baixo. Nenhum dos inquiridos teve conhecimento do sistema do parque e da legalização, exceto alguns que, informalmente, têm pouca informação sobre o parque. No entanto, eles exigem qualquer sistema de reabilitação que possa conciliar a sua procura e o objetivo de conservação. Além disso, as diferenças na gestão, utilização e pontos de vista da comunidade local, para além dos pontos de vista científicos, indicaram claramente a importância do envolvimento da comunidade a diferentes níveis como questão crítica na gestão sustentável dos recursos do parque. Isto amplia o lema comum de atenção prioritária na seleção de áreas protegidas, como a marginalização da comunidade na demarcação e gestão do parque, o que cria ameaças adicionais e graves aos recursos exploráveis do parque. É necessário fornecer serviços adequados de sensibilização, investigação e extensão à comunidade local para satisfazer a procura de conservação e resolver os desafios

7.2 Recomendações

Com base nas conclusões acima apresentadas sobre a diversidade, abundância relativa, habitats e utilização de plantas lenhosas com ameaças e causas associadas na área de estudo, são apresentadas as seguintes recomendações.

Cada fragmento de floresta tem o respetivo nível de diversidade de plantas lenhosas, composição, estrutura, habitats, prioridade de utilização e ameaças associadas que requerem uma gestão eficaz. É urgente delinear e construir bacias de delimitação para o parque associadas à sensibilização e negociação com a comunidade local para a conservação efectiva das plantas lenhosas e dos seus habitats.

Conciliar a procura de conservação sustentável e o sistema de utilização da comunidade, incorporando opções alternativas e adequadas geradas pelos residentes e pela procura científica de conservação.

Realizar estudos mais pormenorizados em cada fragmento florestal sobre os recursos biológicos completos (fauna e flora), os solos e a estrutura da vegetação e as possíveis estratégias de reabilitação para o seu estado quase natural e os sistemas de interligação entre os diferentes fragmentos florestais.

Identificar destinos turísticos específicos e possíveis comunicações ao longo do rio e tipos de instalações necessárias como recursos locais e externos com um impacto mínimo na vegetação e no ambiente natural. Considerando o desenvolvimento de infra-estruturas, as condições ambientais devem ser analisadas antes de qualquer intervenção.

O parque requer uma atenção especial em termos de zonagem, uma vez que inclui várias partes interessadas a todos os níveis de envolvimento na conservação da vegetação e da beleza paisagística do parque. Estudos específicos sobre espécies invasoras de *Lantana camara* e *Argimonia mexicana*, registadas a nível nacional, e identificadas localmente, em particular na floresta densa de Bezawit, Shakuwarie, Peda Techelehayimanot e Kachura, em torno da queda do Nilo Azul.

Referências

Abate Ayalew 2003. *Uma composição florística e análise estrutural da floresta de Denkoro, sul de Wollo.* Tese de Mestrado não publicada. Universidade de Adis Abeba, Etiópia.

Alden A., Paula R., George F., Barbara P., Swarrtzendruber F. 1993. Biodiversidade Africana: Foundation for the Future. Programa de Apoio à Biodiversidade. USAID, Beltsville, Maryland.

Alemnew Aleligne Aalew. 2001. *Diversidade e importância sócio-económica das plantas lenhosas na península de Zegie, noroeste da Etiópia:* Implicações para a utilização sustentável. Tese de mestrado apresentada à Universidade Sueca de Ciências Agrícolas, Wondogent; Etiópia.

Azene Bekele Tesema . 2007. *Árvores e arbustos úteis para a Etiópia: Identificação, Propagação e Gestão para 17 zonas agroclimáticas.* Centro Mundial de Agroflorestação, RELMA, Região da África Oriental do ICRAF, Nairobi, Quénia.

Azene Bekele Tesema . 1993. *Árvores e arbustos úteis para a Etiópia: Identificação, Propagação e* Centro Mundial de Agroflorestação, RELMA, Região da África Oriental do ICRAF, Nairobi, Quénia.

Beinhard F. e Admassu Adi, 1994. *Honeybee flora of Ethiopia.* DED Weikersheim: Margraf Verlage, Ministério da Agricultura da Alemanha e da Etiópia.

Bellier, C.E.; Humphreys H. e Kennedy, R. (1997) *Projeto Hidroelétrico Tis Abay II: Environmental Impact Assessment Final Report.* (Projeto de estudo de centrais hidroeléctricas de média escala do Ministério dos Recursos Hídricos) Adis Abeba

Beltran J. 2000. *Indigenous and traditional peoples and protected areas: principles, guidelines and case studies.* IUCN, Gland, Suíça e Cambridge, Reino Unido e wwf international, Gland, Suíça.

Birhanu Gebre, Kassie Dessie, Mequanint Gebeyehu, Negash Atinafu, Wondyifraw Molla e Yitayal Abebe. 2007. *Estabelecimento do Parque Milliniem do Lado do Rio Abay.* ANRS, Bahir Dar, Etiópia, Relatório de campo não publicado.

BSP (Programa de Apoio à Biodiversidade). 1993. *Biodiversidade Africana: Foundation for the future A framework for integrating biodiversity conservation and sustainable development.* Professional Printing Inc, Beltsville, Maryland.

Buckland A.E., Magurran R.E., Green e R.M Fewster. 2005. *Monitoring Changes in Biodiversity through composite indices (Monitorização de alterações na biodiversidade através de índices compostos).* The Royal Society, Philosophical Transactions Royal Society B (2005) 360.243-254. doi 10.1098/rstb, 2004, 1569.

Curran B., David W., e Richard T. 2000. *Dados socioeconómicos e sua relevância para a gestão de áreas protegidas.* Em White, L., Edwards, A. eds.2000. Conservation research in the African rain forests: a technical handbook. Wildlife Conservation Society, Nova Iorque.

CBD. 2008. *Notícias da CDB:* Departamento de Recursos Genéticos Florestais e de Plantas Aquáticas. Instituto de Conservação da Biodiversidade, A.A.

Cherie Enawgaw, Roman Kasshun, Daniel Paulos e Abraham Marye. 2006. *Relatório sobre a avaliação do Parque Alatish no Estado Regional Nacional de Amhara.* Departamento Federal de Desenvolvimento e Conservação da Vida Selvagem, Adis Abeba, Etiópia.

David G.E. e W.L Halverson. 1996. *Science and Ecosystem Management in National Parks.* Universidade do

Arizona, Arizona, EUA

Ervin J. 2003. *Rapid Assessment and Prioritization of Protected Area Management (RAPPAM) Methodology (Metodologia de Avaliação Rápida e Priorização da Gestão de Áreas Protegidas).* WWF Gland, Suíça.

EWNHS. 1996. *Important Bird Areas of Ethiopia:* A first Inventory, Addis Ababa Ethiopia.

Fadel M.El., Sayegh Y.El., Fadel K. El. e Horbotly D.K. 2003. *A bacia do rio Nilo: A case study in surface water conflect Resolution.J.Nat.* Resour.Life Sci. Edu. J. Vol. 32, 2003.

Ganzalo H. 1998. *Uma estratégia para medir a biodiversidade da paisagem.* Biology International, a revista de actualidades da União Internacional das Ciências Biológicas (UICB), nº 36, França.

Girma Mengesha. 2005. *A diversidade, distribuição, abundância relativa e associação de habitats da fauna de mamíferos e aves de maior porte de Alatish,* Tese de Mestrado não publicada. Universidade de Adis Abeba, Etiópia.

Hall, J.A., Comer P., Gondor A., Marshall R., e Weinstein S. 2001. *Conservation Elements of and a Biodiversity Management Framework for the Barry M. Goldwater Range,* Arizona. The Nature Conservancy of Arizona, Tucson.

Huy Le Quoe. 2004. *Plantações de espécies de crescimento rápido - mitos e realidades e o seu efeito na diversidade de espécies* Add. Nº F-2002-7.M, Melhoramento de árvores e GR. Dep COF. UHF.

Helen M. P., Alan H., Taylor R., Matthew B. 2007. *Controles ambientais sobre a dominância e diversidade de espécies de plantas lenhosas em um ecossistema de Madrean Sky Island. Arizona, Ecol.* Dol 10-1007/511258-00-9 245-8. EUA.

IBDC 2005. *National Biodiversity strategy of Ethiopia (Estratégia nacional de biodiversidade da Etiópia).* IBD, Adis Abeba, Etiópia.

Inga H., Sue E., e Seleshi Nemomissa. 2003. *Flora of Ethiopia and Eritrea.* Vol. 4. Parte 1. Apiaceae a Dipsacaceae. EMPDA. O Herbário Nacional, AAU, Etiópia.

Inga H. e Sue E.. 1989. *Flora of Ethiopia.* Vol. 3. Pittosporaceae a Araliaceae. EMPDA. O Herbário Nacional, AAU, Etiópia.

IUCN. 1994. *Diretrizes para as categorias de gestão de áreas protegidas.* CNPPA com a assistência do WCMC.IUCN, Gland, Suíça e Cambridge, Reino Unido.

Jan Meerman 2004. *Avaliação ecológica rápida da reserva florestal do rio Colômbia Furacão passado.* Jrise, TIDE Instituto Toleto de Desenvolvimento Ambiental, Colômbia

José L. V., Ensermu Kelbesa e Sebsebie Demesew. 2006. *As listas vermelhas de árvores e arbustos endémicos de*

Etiópia e Eritreia. IUCN, Defra e WSC; Cambridge Printers, Reino Unido.

Leopold, A.S., Cain S. A., Cottam C. M., Gabrielson L.M, e Kimball T.L. 1963. *Relatório do conselho consultivo sobre a gestão da vida selvagem.* National Parks Magazine, Inserção 4-5 (3), abril I-VI.

Mackinnon, J.; Mackinnon, K.; Child, G. e Thorsell, J. 1986. *Managing Protected Areas in the Tropics.* **IUCN, Gland, Suíça.**

Mesefin Tadesse. 1991. *Some endemic plants of Ethiopia (Algumas plantas endémicas da Etiópia).* Comissão de Turismo da Etiópia, Universidade de Adis Abeba, Etiópia.

Michael J., Jacobs C. e Schroeder A. 2001. *Impacts of Conflict on Biodiversity and Protected Areas in Ethiopia*

[Impactos do Conflito na Biodiversidade e Áreas Protegidas na Etiópia]. World Wildlife Fund Inc., Washington D.C

Million Bekele 2001. *Estudos sobre as perspectivas da silvicultura em África: Relatórios regionais, sub-regionais e por país, oportunidades e desafios até 2020;* Documento da FAO sobre silvicultura n.º 141. Síntese da visão das florestas de África até 2020. Roma, Itália. .

MONGABAY. 2008. *Ethiopia: Distúrbios que afectam as terras florestais. http://www.MONGABAY.COM., 2008.*

Nagl A. 2002. *Geology, Topography and Climate of Ethiopia (Geologia, Topografia e Clima da Etiópia).* Em Christian Puff. 2002. *SIMEN 2001: Relatório sobre a expedição botânica ao SIMEN MTS (N Etiópia) em abril/maio de 2001.* Instituto de Botânica, Universidade de Viena, Rennweg14, A-1030 Viena, Áustria, julho de 2002.

Nega Tassie, 2007. *Diversidade, distribuição, abundância e associação de habitats de aves das zonas húmidas da planície de Denbia, Lago Tana.* Tese de Mestrado, Universidade de Adis Abeba, Etiópia

Norine E. A. e Sandi R. 2008. *Biodiversity Benchmarks identifying indicators and trends analysis, Alberta Riparian habitats Management services* Ltd *nambrose@cowsandifsh.org* e sandi@palisenvironmental.com

PaDPA. 2007. *Pedido de subvenção para cooperação técnica para abrir o Corredor Crítico de Vida Selvagem de Arkuasiye do Parque Nacional das Montanhas Simien - Sítio do Património Mundial (SMNP-WHS), apresentado à UNESCO-WHC,* Bahir Dar, Etiópia.

Pichette R. P. e Gillesple L. 1999. *Protocolos de monitorização da biodiversidade da vegetação terrestre.* Relatório da série de documentos ocasionais EMAN No.9. Gabinete de Coordenação da Monitorização Ecológica, Burlington, Ontário, Canadá.

Poul F., Brandwein, Alfred D., Violet R., Strahler M. J., Brennan e Daniel S., e Turner. 1970. *The Earth: Its Living things.* Harcaurt Brace Jovanovich. INC, Nova Iorque. Chicago São Francisco Atlanta Dalas; EUA

Qiming Z., Marc R. e Geoffrey H., 1998. *Comparação entre os resultados de diferentes métodos de estimativa do coberto vegetal do solo num ambiente de pastagem.* Actas da 19ª conferência australiana de teledeteção e fotografia, 20-24 de julho de 1998, Sydney, Volume 1, n.º 71. Austrália Sydney

Schmiderer C. e Puff C. 2002. *A Etiópia como centro genético de plantas cultivadas.* Em Christian Puff. 2002. *SIMEN 2001: Report on The Botanical Expedition to the SIMEN MTS (N Ethiopia) in April/May 2001.* Instituto de Botânica, Universidade de Viena, Rennweg14, A-1030 Viena, Áustria julho de 2002

Shiemann, E.1951. *Novos resultados sobre a história dos cereais cultivados* - Hereditariedade, 5-355-320

Shiemann, E.1939. *Gedanken ZurGenenntrentheorie* **Vavilovs**- Naturwissenschaften, 27-3-377-383.

Sileshi Nemomissa. 2002. *Major Ecosystems and Biodiversity of Ethiopia, Including Information on national Parks and Conservation Areas (Principais Ecossistemas e Biodiversidade da Etiópia, Incluindo Informação sobre Parques Nacionais e Áreas de Conservação).* Em Christian Puff. 2002. *SIMEN 2001: Report on The Botanical Expedition to the SIMEN MTS (N Ethiopia) in April/May 2001.* Instituto de Botânica, Universidade de Viena, Rennweg14, A-1030 Viena, Áustria, julho de 2002.

Stefan Baumgartner. 2005. *Medir a diversidade de quê? E com que objetivo? Comparações conceptuais de índices de biodiversidade ecológicos e económicos.* Departamento de Economia da Universidade de Heidelberg, Alemanha.

Sue E., Mesfin Tadesse e Inga H.. 1995. *Flora of Ethiopia and Eritrea.* Vol. 2. Parte 2.Canellaceae a Euphorbiaceae, EMPDA. Herbário Nacional, AAU, Etiópia.

Sue E., Mesfin Tadesse, Sebeseb Demissew e Inga H. 2000. *Flora of Ethiopia and Eritrea. Vol.2. Parte I.*

Magnoliaceae a Fcacourtiaceae, EMPDA. Herbário Nacional, AAU, Etiópia.

Tadesse Habtamu. 2005. *The Diversity, Distribution, Relative Abundance and habitats association of the small mammals in Alatish proposed park,* Unpublished, MSC Thesis 101 pp.

Tadesse Woldemariam, Demel Teketay, S. Edwards & M. Olsson. 2000. *Diversidade de plantas lenhosas e de espécies de aves numa floresta seca de Afromontane no planalto central da Etiópia: Biological indicators for conservation.* Ethiopian Journal of Natural Resources 2: 255-293.

Taye Bekele; Demel Teketay e Haase, G. 2000. *Forests and forest genetic resources of Ethiopia (Florestas e recursos genéticos florestais da Etiópia).* Documento apresentado na conferência internacional "Ethiopia: A Biodiversity, Challenge", 2-4 de fevereiro de 2000, Adis Abeba, Etiópia.

TPW (Texas Parks and Wildlife). 1995. *Procedimento de Avaliação de Habitats de Vida Selvagem (WHAP).* PWD RP- W7000-0145(11/06)

TNC (The nature Conservancy). 2002. *Plano de Área de Conservação para as terras de Bandera Canyon.* TNC Texas Parks and Wildlife Department (Departamento de Parques e Vida Selvagem do Texas). Texas USA.

PNUA. 1995. *Estratégia Global para a Biodiversidade.* WRI, Washington DC, IUCN, Gland, EUA e Suíça.

UN-WATER/ AP, 2004. Relatório nacional de desenvolvimento da água para a Etiópia. UNESCO, Programa de Avaliação da Água, Adis Abeba, Etiópia.

Vavilov,N. L.1951. *A origem, variação, imunidade e reprodução de plantas cultivadas* -Chironica Bot-13-1- 361.

Vavilov,N. L. 1957. *Recursos mundiais de cereais, leguminosas de grão e linho, e sua utilização no melhoramento de plantas* - Moskwa.

WCMC 1996. *Assessing Biodiversity Status and Sustainability.* Groom bridge, B e Jenkins, M D (Eds), World Conservation Press, Cambridge, UK.

White, L., Edwards, A. eds. 2000. Conservation research in the African rain forests: a technical handbook.Wildlife Conservation Society, New York.

Wilson E.O. 1988. *Biodiversity,* National Academy Press, março ISBN 0-309-03783-2 ; ISBN 0-30903739-5 (pbk.), edição em linha

APÊNDICE 1: Descrição de termos importantes utilizados no presente documento

Biodiversidade: variabilidade nas formas de vida, medida geralmente pelo número total de espécies encontradas na área que fornece blocos de construção para adaptar as condições ambientais em mudança. É também descrita como uma variedade de formas de vida distintas em ecossistemas ou habitats, o número e a variedade de espécies neles existentes e a gama de diversidade genética a nível molecular nas populações de cada uma dessas espécies. Em termos de utilizações e necessidades humanas, a biodiversidade pode ser vista como um capital vivo no qual se baseia o desenvolvimento. A biodiversidade inclui toda a flora e fauna dos ecossistemas terrestres e aquáticos. Diferentes grupos de flora (árvores, arbustos e ervas, plantas cultivadas, de laboratório e aquáticas), animais (mamíferos, aves, répteis, anfíbios, insectos) e microrganismos (fungos, algas, vírus, etc.) em vários grupos taxonómicos e valores culturais e de gestão associados. Entre os componentes da biodiversidade, os recursos florestais, em particular as plantas lenhosas, não devem ser descartados, uma vez que o homem os utiliza para sustentar a procura de meios de subsistência da comunidade. Um elevado nível de biodiversidade está associado a uma maior estabilidade do ecossistema e a uma melhor capacidade de lidar com o stress ambiental. Os animais ou plantas com baixa diversidade genética são muito mais susceptíveis ao stress e vulneráveis à extinção. A biodiversidade pode ser expressa quantitativamente.

Transecto é uma linha ou uma faixa de vegetação selecionada para amostragem de cadeias contínuas de quadrantes contagiosos dispostos em linha ao longo de gradientes de vegetação. No presente documento, as linhas de transecto são três linhas paralelas de 2000 m de distância à margem do rio, a 100 m e 200 m de distância da margem do rio em cada fragmento de floresta e a 50 m de distância da margem do rio em torno da linha de transecto em banda (78 km) ao longo do rio Abay em todo o parque.

As florestas são ecossistemas ou conjuntos de ecossistemas dominados por árvores e outras plantas lenhosas que compreendem mais de 0,5ha com 5% a 100% de cobertura arbórea, não sendo principalmente utilizadas para povoamento, cultivo e infra-estruturas. As florestas podem ser classificadas de acordo com a sua composição vegetal, como árvores de copa alta, arbustos, gramíneas e ervas cultivadas naturalmente em diferentes proporções e camadas. Atualmente, a Etiópia tem apenas cerca de 2,5-3% de cobertura florestal natural de copa alta, que era de cerca de 40 antes de meio século. No entanto, existem zonas de cobertura vegetal natural em várias partes do país que são fontes vitais de biodiversidade e requerem uma necessidade urgente de conservação e utilização sustentável.

As manchas florestais são pequenos reservatórios de vegetação natural em diferentes partes do BDNRMP que têm mais de 50% de cobertura de árvores e arbustos. Cada mancha florestal tinha mais de 40 ha com diferentes habitats naturais, como bosques, prados, zonas húmidas, matos, afloramentos ígneos, prados arborizados e ilhas em diferentes proporções. Todas as manchas florestais não têm um número semelhante de habitats, coberto vegetal, utilização e ameaças. As manchas florestais no BDNRMP foram fragmentadas por factores naturais e antropogénicos e dispersas em diferentes partes do parque, sendo importantes para a conservação da biodiversidade.

Ripária: vegetação, habitats e animais pertencentes à margem do rio que se estende e se liga aos ecossistemas de terra firme. Inclui também as terras imediatamente adjacentes à água e fortemente influenciadas pela água. A humidade e a temperatura diárias e sazonais dependem do conteúdo da água. É maioritariamente dominada por espécies de vegetação perene, que diminuem à medida que se afastam da água. Sabe-se que os habitats ribeirinhos apresentam um elevado nível de biodiversidade natural. A combinação de água, vegetação abundante, vegetação fragmentada por cursos de água e ligação a terras altas proporcionam oportunidades para muitas espécies, sendo excecionalmente ricos em espécies de aves de zonas húmidas, florestas ribeirinhas e terras altas. As zonas ribeirinhas criam corredores importantes que ligam entre si uma variedade de ecossistemas. A variabilidade das espécies vegetais que se encontram a uma curta distância nas peças únicas da paisagem. Como os habitats ribeirinhos contêm diferentes tipos de vegetação, são estruturalmente muito complexos, com vários estratos e camadas de vegetação. A diversidade estrutural atrai muitas espécies de vida selvagem e pessoas. Também atrai os povos nativos para a agricultura e a colonização. Historicamente, os habitats ribeirinhos são centros de civilização na agricultura e no desenvolvimento de cidades modernas, uma vez que são propícios e qualificados em termos de factores de produção naturais para a produção agrícola e de beleza paisagística. Hoje em dia, as zonas de habitat ribeirinho são sectores económicos fiáveis que atraem uma variedade de actividades que servem de recreio urbano, reservas de vida selvagem e actividades industriais. No entanto, a menos que os ambientes naturais e os processos ecológicos se conciliem com a utilização sustentável dos ambientes naturais, estes recursos poderão acabar por se extinguir num futuro próximo.

O gradiente de vegetação consiste em mudanças óbvias no tipo e na cobertura da vegetação numa paisagem, em resultado de alterações no declive e no regime de humidade, à medida que a distância de uma massa de água aumenta, a vegetação pode mudar de herbácea, arbustiva e arbórea para prado ou a mudança na elevação aumenta a vegetação pode mudar de árvore alta para árvore pequena. Aqui, o gradiente de vegetação é a composição e a riqueza de espécies lenhosas nas ilhas, na margem do rio e num intervalo de distância definido da margem do rio na direção das terras altas afastadas da massa de água.

As plantas lenhosas são plantas vasculares consideradas como formas de vida vegetal colectivas num determinado ecossistema, habitats e populações de diferentes espécies que incluem árvores, arbustos e epífitas lenhosas e trepadeiras. .

Árvores: são plantas lenhosas que têm normalmente pelo menos 10 cm de diâmetro à altura do peito ou 1,3 m acima do solo e >4 metros de altura no seu estado maduro.

Arbustos: Arbustos e pequenas árvores com DAP 1-4cm ou que se estende até 10cm não formam copa e têm 1metro a 4metros de altura quando atingem o seu estado maduro.

APÊNDICE 2 . Habitats dominantes em manchas de floresta ripícola

Remendo de floresta	Habitats dominantes
AG	Terrenos arborizados mistos modificados , Terrenos arborizados com rochas ígneas, Terrenos húmidos e Terrenos arbustivos com rochas ígneas
BR	Prados abertos, terrenos arborizados mistos modificados e terras altas arborizadas
BAB	Montanha arborizada e floresta com coberto denso
PTH	Terrenos arborizados com rocha ígnea, terrenos húmidos, floresta com coberto denso e prados abertos
SH	Terras altas arborizadas e prados abertos
ARTE	Prados com rochas ígneas, Terrenos arborizados com rochas ígneas, Terrenos húmidos e Prados abertos
MFJ	Terrenos arborizados com rochas ígneas, Prados abertos, Prados com rochas ígneas, Floresta com coberto denso e Terrenos húmidos
DDYA	Terrenos arborizados com rochas ígneas, Prados com rochas ígneas, Terrenos húmidos e Floresta com coberto denso
YST	Prados abertos, Prados com rochas ígneas e Terrenos arborizados com rochas ígneas
GRB	Floresta com coberto denso, Terrenos arborizados com rochas ígneas e Prados com rochas ígneas
ASTA	Terrenos arborizados com rochas ígneas, terrenos arborizados mistos modificados e prados abertos
MKBNF	Terrenos arborizados de montanha e terrenos arborizados mistos modificados

APÊNDICE 3. Múltiplas pressões e ameaças em cada fragmento florestal

Não	Manchas florestais	Pressão					Ameaça				Grau
		Tendência	Extensão	Imp ato	Permanência	Grau	Probabilidade	Extensão	Impacto	Permanência	
1	AG	4	4	3	3	36	4	4	4	3	48
2	BR	4	3	2	2	12	4	3	2	2	12
3	BAB	4	3	4	2	24	4	4	3	2	24
4	PTH	4	4	3	3	36	4	3	2	1	6
5	SH	5	3	4	4	48	5	3	4	3	36
6	ARTE	5	4	4	4	64	4	3	4	3	36
7	MFJ	4	3	4	3	36	4	3	4	3	36
8	DDYA	4	3	4	3	36	4	3	3	3	27
9	YST	4	4	4	3	48	5	4	4	3	48
10	GRB	5	3	4	3	36	4	3	3	3	27
11	ASTA	4	3	2	2	12	4	3	2	2	12
12	MKBNF	5	4	4	4	64	4	3	4	3	36
	Média geral	4	3	4	3	36	4	3	3	3	27

Análise de pressões e ameaças

Pressão _______________________________ **nos últimos cinco anos**

Tendências no passado	Extensão	Impacto	Permanência	Grau de pressão Pontuação F(I x E x P)
5=Aumento acentuado	4= em todo o lado (>50%)	4= Grave	4= Permanente (>100 anos)	5= Grave 49-64
4=Aumentou ligeiramente	3= Muito difundido (15-50%)	3= Elevado	3= Longo prazo (20-100 anos)	4= elevado 33-48
3=Mantido constante	2= Dispersos (5-15%)	2= Moderado	2=Médio (5-20 anos)	3= Moderado17-32
2=Diminuiu ligeiramente	1= Localizada (<5%)	1= Ligeiro	1= Curto prazo (>5 anos)	2 = Baixo 1-16
1=Diminuição acentuada				

Ameaça _______________________________ **nos próximos cinco anos**

Probabilidade de ocorrência	Extensão	Impacto	Permanência	Grau de ameaça Pontuação F(I x E x P)
5=Muito elevado	4= em todo o lado (>50%)	4= Grave	4= Permanente (>100 anos)	5= Grave 49-64
4= Elevado	3= Muito difundido (15-50%)	3= Elevado	3= Longo prazo (20-100 anos)	4= elevado 33-48
3=Médio	2= Dispersa (5-15%)	2= Moderado	2= Médio t (5-20 anos)	3= Moderado 17-32
2=Baixo	1= Localizada (<5%)	1= Ligeiro	1= Curto prazo (>5 anos)	2 = Baixo 1-16

1=Muito baixo

WWF A análise da pressão e das ameaças, segundo Ervin J. (1993), definiu **a pressão** como as tendências de gravidade no passado e **as ameaças** como a probabilidade de gravidade no futuro ou o potencial foram medidos através da extensão, do impacto e da permanência

APÊNDICE 4. Causas prioritárias de degradação de habitats e plantas lenhosas

Não	Floresta	Causas e classificações								
		PSDN	IPRU	NSFU	LSMS	LCIBL	FVNEP	LLITU	SDMP	IMB
1	AG	2	1	3	4	5	9	6	7	8
2	BR	3	7	6	8	9	5	2	1	4
3	BAB	2	1	8	5	6	9	4	3	7
4	PTH	4	7	6	2	3	9	8	1	5
5	SH	4	1	9	6	3	8	2	5	7
6	ARTE	8	4	1	7	6	2	9	9	3
7	MFJ	6	4	1	2	3	5	9	7	8
8	DDYA	2	8	5	3	1	7	9	4	6
9	YST	3	4	9	1	2	5	7	6	8
10	GRB	3	4	8	1	2	9	5	6	7
11	ASTA	5	1	2	3	7	4	9	6	8
12	MKBNF	2	6	8	3	4	7	1	5	9
	Total	44	48	66	45	51	79	71	60	80
	% de contribuição	8.09	8.82	12.13	8.27	9.38	14.52	13.05	11.03	14.71
	Classificação	9	7	4	8	6	3	2	5	1

Chave:- *Pobreza e forte dependência da natureza (PSDN), Aumento da população e utilização dos recursos (IPRU), Estreitamento do espetro de utilização da floresta (NSFU), Falta de sistemas de gestão adequados (LSMS), Falta de instituição ou de legislação em causa (LCIL), Queda na valorização do ambiente natural no passado (FVNEP), Baixo nível de utilização de tecnologias melhoradas (LLITU), Procura especial e multiusos (SDMP) e Desigualdade na gestão e nos benefícios (IMB).*

APÊNDICE 5: Listas de espécies lenhosas registadas em diferentes manchas florestais com a família correspondente, nome vernáculo, forma da planta e principais utilizações no BDNRMP.

S/N	Nome científico	Nome de família	Nome local	Forma da planta	Utilização principal para
1	Acacia abyssinica Höchst. ex Benth	Mimosáceas	Yabesha gerar	Árvore	1,2, 5, 6, 7, 8, 9,
2	Acacia polyacantha Selvagem sub sp campylacatha	Mimosáceas	Nech gerar	Árvore	1,2, 3, 5, 6, 7, 8, 9,
3	Acacia seyal Del.	Mimosáceas	Chave Gerar	Árvore	1,2, 5, 6, 7, 8, 9,
4	Achanthus eminens C.B. Clarke	Acantáceas	Kosheshela	Arbusto	1,2, 5,
5	Achanthus sennii chiove.	Acantáceas	Kosheshela	Arbusto	1,2, 5,
6	Acokanthera schimperi (A.DC.) Schweinf	Apocináceas	Merez	Árvore	1,2, 3, 7, 8, 9,
7	Agava sisalana perr. ex Eng./	Agaváceas	Kacha (Chiret)	Árvore	1,2, 6,
8	Albizia schimperiana Oliv.	Mimosceae	Sesa	Árvore	1,2, 5, 6, 7, 8, 9,
9	Albizia malacophylla (A.Rich.) Walp.	Fabáceas	Sendel	Árvore	1,2, 5, 6, 7, 8, 9,
10	Aloe berhana Reynolds /	Aloaceae	Eret	Arbusto	3, 6,
11	Annona chrysophylla BoJ.	Anonáceas	Gishta, yebere leb	Arbusto	4,
12	Apodytes dimidiata (A.Rich)Boutque	Leacináceas	Donga	Árvore	1, 2, 6, 8,
13	Arundo donax L. Schum.	Poaceae	Shembeko	arbusto	1,3, 5, 6, 7, 8,
14	Bersama abyssinica Fresen.	Melianthaceae	Azamir	Árvore	1,2,
15	Boswellia pirottae Chiov	Burseraceae	Yetan zaf	Árvore	1,2, 3,
16	Bridelia micrantha (Hochst.) Baill.	Euphorbiaceae	Yeneber Tifer	Árvore	1,2,5, 6, 8, 9,
17	Brucea antidysenterica J.F. Miller	Simaroubaceae	Yedega Abalo	Arbusto	3, 6,
18	Buddleja polystachya Fresen.	Buddlejaceae	Anfar	Árvore	1,2,
19	Caesalpina decapetala (Roth) Alston	Caesalpinioideae	Yeferenji keteketa/Ater	Lenhoso/ Trepador	2, 6,
20	Caesalpina spinosa (Molina) Kuntze	Caesalpinioideae	Konter	Trepador de madeira	2, 6,
21	Caloptropis procera (Alt) Alt.f./	Asciepladaceae	Tobiyaw	Arbusto	3,
22	Calpurnia aurea (Alt.) Benth.	Fabáceas	Zegeta	Arbusto	1,2, 3,
23	Capparis tomentosa Lam.	Capparidaceae	Gemero	Trepador de madeira	3, 6,
24	Carissa edulis (Forssk.) Vahl	Apocináceas	Agam	Arbusto	1,2, 5, 6, 7, 8, 9,
25	Cassia didymobotrya	Caesalpinioideae	Serkabeba/ Gemagmit	Arbusto	2,
26	Cassia siamea (Senna siamea)	Caesalpinioideae	Yeferenji Zegeta	Arbusto	2, 6,
27	Cassia singueana (Del.)	Fabáceas	Gufa	Arbusto	2, 3,
28	Casuarina equisetifolia L.	Casuarinaceae	Erzelibanos	Árvore	1,2,6, 8,
29	Catha edulis (Vahl) Forssk. ex Endi.	Celastraceae	Conversa	Arbusto	4, 7,
30	Celtis africana Burm. f.	Ulmáceas	Kewoot	Árvore	1,2, 6, 7, 8, 9,
31	Cissus qudrangularis L.	Vitaceae	Yezhon Anjet	Arbusto	1,

				/Climático	
32	*Citrus aurantifolia Christm.). Swingle*	Rutáceas	Lomi	Árvore	3, 4,
33	*Clausena anisata (Wild.) Benth.*	Rutáceas	Limich	Arbusto	3, 7,
34	*Clemanths longicauda Steude. Ex. A. Rich*	Ranunculáceas	Azo hareg	Trepador de madeira	3,
35	*Clutia abyssinica Jaub & Spach*	Euphorbiaceae	Feyelefej	Arbusto	2,
36	*Coffea arabica L.*	Rubiáceas	Buna	Arbusto	4,
37	*Combretum collinum Fres.*	Combretáceas	Avalo/ Tinjut	Árvore	1,2, 3
38	*Combretum molle (R.Br. ex Don.) Engl. & Diels*	Combretáceas	Avalo	Árvore	1,2, 3, 5, 7,
39	*Commiphora africana (A. Rich.) Engl.*	Burseraceae	Ankua	Árvore	2, 5, 6, 7, 8, 9,
40	*Cordia africana Lam.*	Boragináceas	Wanza	Árvore	1,2, 3, 4, 5, 6, 7, 8, 9,
41	*Crica papaya L.*	Caricáceas	Papaia	Árvore	4, 7,
42	*Croton macrostachyus Del.Hochest. ex. Del.*	Euphorbiaceae	Bisana	Árvore	1,2, 3, 6, 8, 9,
43	*Cucomis prophetarum L.*	Cucurbitáceas	Yemeder Embuwayie	Arbusto	5, 6,
44	*Cupressus lucitanica Mill*	Cupressaceae	Yeferenj Tid	Árvore	1,2, 6, 7, 8,
45	*Cussonia ostinii Chiov.*	Araliaceae	Gedetamo/ Chakmit	Árvore	1,8,
46	*Delonixregia (Boj. ex. Hook. f.). Rafin.*	Caesalpiniaceae	Yederedawa zaf	Árvore	1,2, 6,
47	*Dichrostachys cinera (L.) Wight & Am,*	Mimosaseae	Ader/ Erget Dimo / Gorgoro	Arbusto	1,2, 5, 6, 9,
48	*Diospros mespiliformis Hochst. Ex A.DC*	Ebenáceas	Marenta /Betremusie	Árvore	1,2, 3, 4, 5, 6, 7, 8, 9,
49	*Dodonaea viscosa L.f.*	Sapindáceas	Keteketa	Arbusto	1,2, 3, 9,
50	*Dombeya torrida (J.F. Gmel)*	Sterculiaceae	Wulkefa	Árvore	1,2, 3, 5, 8,
51	*Dovyalis abyssinica (A. Rich.). Warb.*	Flacourtiaceae	Koshim	Árvore	3, 6,
52	*Dracaena steudneri Engl.*	Agaváceas	Topatos/ Tomketel	Árvore	1,3,
53	*Ekebergia capensis Sparrm.*	Meliáceas	Lol/ Sembo	Árvore	1,2, 3, 5, 9,
54	*Ensete ventricosum (E. edule)*	Musáceas	Enset Gunaguna	Tanchagem	1,5
55	*Entada abyssinica Steud. ex. A.rich*	Fabáceas	Ambelta	Árvore	1,2, 5, 6, 7, 8, 9,
56	*Erianmthemum dregei (Eckl. & Zeyh.) V. Tiegh.*	Loanthaceae	teketela	Epífita	6,
57	*Eriobotrya japonica (Thumb) Lindi*	Rosáceas	Woshemela	Árvore	6; 1,2
58	*Erythrina abyssinica Lam. ex Dc*	Papilionoidáceas	Korch /Kuwara	Árvore	1,5, 6, 8,
59	*Eucalyptus camaldulensis Dehnh*	Myrtaceae	chave bahirzaf	Árvore	1,2, 3, 6, 7, 8, 9,
60	*Euclea racemosa subsp schimperi (A.DC.) F. White*	Ebenáceas	Dedeho	Arbusto	1,2, 3, 5, 6, 9,
61	*Euphorbia candelabrum Kotschy.*	Euphorbiaceae	Kulkual	Árvore	3, 6,
62	*Euphorbia pulcherima Wild. ex Klotzsch /*	Euphorbiaceae	Yuforbia	Árvore	6,
63	*Euphorbia tirucalli L*	Euphorbiaceae	Kinchib	Arbusto	3, 6,
64	*Ficus elastica Roxb. '*	Moráceas	Yegoma Zaf	Árvore	6,
65	*Ficus ovata Vahl.*	Moráceas	Kef	Árvore	1,2, 7, 8,

66	*Ficus sur Forssk*	Moráceas	Sholla/Avar/	Árvore	1, 2, 4, 7, 8,
67	*Ficus sycomorus L.*	Moráceas	Bamba	Árvore	1, 2, 4, 7, 8,
68	*Ficus thonningii Blume*	Moráceas	Chibha	Árvore	1, 2, 3, 5, 6, 7, 8, 9,
69	*Ficus vasta Forssk*	Moráceas	Warka	Árvore	1, 2, 4, 7, 8,
70	*Gardenia termifolia Schumach & Thon*	Rubiáceas	Gambilo	Árvore	1, 2, 5, 6, 7,
71	*Grevillea robusta A. Cunn. Ex R.Br*	Proteáceas	Yetemenja zaf	Árvore	1, 2, 6, 8,
72	*Grewia bicolor Juss*	Tiliaceae	Sefa / Sumaya	Árvore	1, 2, 3, 4, 5, 7, 9,
73	*Grewia ferruginea Hochst .ex. A. Rich*	Tiliaceae	Lenkuwata	Árvore	1, 2, 3, 4, 5, 7, 9,
74	*Hibiscus ludwigil Eckl & Zeyha*	Malvaceae	Nacha	Arbusto	1,
75	*Hypericum quartinianum A Rica*	Hipericáceas	Telembosh/ Amja	Arbusto	5,
76	*Jacaranda mimosifolia D. Don.*	Bignoniaceae	Jacarandá	Árvore	1, 2, 6,
77	*Jasminum abyssinicum Hochst ex. DC.*	Oleáceas	Terohareg	Arbusto	1,
78	*Jasminum grandiflorm L.*	Oleáceas	Tembelel	Trepadeira lenhosa	1,
79	*Juniperus procera Endl*	Cupressaceae	yabesha Tid	Árvore	1, 2, 6, 7, 8,
80	*Justicia schimperana (Hochst ex Nees)*	Acantáceas	Semisza/ Sensel	Arbusto	1, 6,
81	*Lannea schimperi (Hochst. Ex A. Rich.) Engl.*	Anacardiaceae	Worchebo/ Duduna	Árvore	1, 2, 8, 9,
82	*Lantana camera L.*	Verbenáceas	Yewof Kolo	Arbusto	2, 6,
83	*Lantana trifolia L.*	Verbenáceas	Yeregna Kollo ou Kessie	Arbusto	1, 3,
84	*Leucaena leucocephale (Lam,) De Wit*	Fabáceas	Lukinia	Árvore	1, 2, 5,
85	*Maerua anolensis DC*	Capparidaceae	Não determinado	Árvore	6,
86	*Mangifera indica L.*	Anacardiaceae	Manga	Árvore	4,
87	*Maytenus arbutifolia (Hochst ex. A. Rich.) Wilczex.*	Celastraceae	Atat	Srub	1, 2, 5, 6,
88	*Maytenus gracilipes Supsp arguta (Loes.) Sebsebe*	Celastraceae	Geram Atat	Arbusto	1, 2, 5, 6,
89	*Maytenus senegalensis (Lam.) Exell*	Celastraceae	Kokoba	Árvore	1, 2, 3, 5,
90	*Melia azedarach L.*	Meliáceas	Neem	Árvore	1, 2, 6,
91	*Milletia ferruginea (Hochst.) Bak.*	Fabáceas	Birbera	Árvore	1, 2, 3, 6,
92	*Mimosa invasa Mart. Ex. Colla.*	Mimosoideae	Yesew Neger	Arbusto	5,
93	*Mimusops kummel A.DC.*	Sapotáceas	Ishe	Árvore	1, 2, 3, 4, 5, 6, 7, 8, 9,
94	*Musa paradisaca L*	Musáceas	Muz	Tanchagem	4, 1
95	*Nuxia congesta Fresen.*	Longanáceas	Keskessie	Árvore	2,
96	*Ocimum lamiifolium Hochst. ex Benth.*	Lamiaceae	Dama kessie	Arbusto	2, 3,
97	*Olea capensis subsp welwitschii (Knobl)*	Oleáceas	Qerer/ Seged Woyira	Árvore	1, 2, 3, 5,
98	*Olea europaea (Wall. ex DC.). Ciofferri*	Oleáceas	Woyira	Árvore	1, 2, 3, 5, 6, 7, 8, 9,
99	*Opuntuia ficus-indica (L) Miller*	Cactáceas	Beles Kulkual	Árvore	3, 6,

100	*Osyris quadripartita Decn.*	Santalaceae	Keret	Árvore	5, 6,
101	*Otostegia integrifolia Benth.*	Lamiaceae	Tinjut	Arbusto	2, 3,
102	*Otostegia tomentosa subsp ambigiens (chiov.) Sebald*	Lamiaceae	Nechelo /Tinjut Mesel	Arbusto	1,2, 3,
103	*Persea americana Mill.*	Lauraceae	Abacate	Árvore	4,
104	*Phoenix reclinata Jacq.*	Arecaceae	Zembaba/ Selen	Árvore	1,3, 6, 7,
105	*Phragmanthera regularis (Sprague) M. Gilbert*	Loanthaceae	Teketela	Epífita	6,
106	*Phytolacca dodecandra L. Her*	Phytolacaceae	Endod	Trepadeira lenhosa	3, 6,
107	*Piliostigma thonningii (Schumach.) Milne-Redh*	Fabáceas	Lafdi Yekola wanza/ Alamati	Árvore	1,2, 3, 4, 5, 6, 7, 8, 9,
108	*Pittosporum viridifolium Sims.*	Pittosporaceae	Dengayie Seber/Ahot	Árvore	1,2, 3,
109	*Podocarpus falcatus (Thumb) Mirb.*	Podocarpáceas	Zegeba	Árvore	1,2, 3, 6, 7, 8, 9,
110	*Premna schimperi Engl.*	Verbenáceas	Checheho	Arbusto	1,2, 3, 7,
111	*Psidium grajava L.*	Myrtaceae	Zeyituna	Árvore	4,
112	*Pteroloblum stellautm (Forssk.) Brenan.*	Fabáceas	Kentefa	Trepador de madeira	2, 5, 6,
113	*Rhamnus prinoides L Herit*	Rhamnaceae	Gesho	Árvore	3, 4,
114	*Rhus glutinosa Hochst. ex A. Rich*	Anacardiaceae	Embus kamo	Árvore	1,2, 3, 4, 5,
115	*Rhus vulgaris Meikle*	Anacardiaceae	kamo	Árvore	1,2, 3, 4, 5, 6, 7, 9,
116	*Ricinus communis L.*	Euphorbiaceae	Gulo/ Chakma	Árvore	1,3,
117	*Rumex nervosus (Vahl)*	Polygonaceae	Embacho	Arbusto	2, 3,
118	*Sapium ellipticum (Hochst.). Pax*	Euphorbiaceae	Arboji	Árvore	1,2, 5, 6, 7, 9,
119	*Schefflera volkensii Harms.*	Araliaceae	Getem	Árvore	1,
120	*Schinus molle L.*	Anacardiaceae	Kundo Berbere	Árvore	1,2, 3, 6, 7,
121	*Securinega virosa (Roxb. ex. Wild.)*	Euphorbiaceae	Wonahi	Shurb	1,2,
122	*Sesbania sesban (L.) Merr.*	Papilionoideae	sesbânia	Árvore	1,2, 5,
123	*Sida ovata Forsk*	Malvaceae	chifreg	Arbusto	3,
124	*Solanum giganteum / Jacq.*	Solanáceas	Embuway) Folha branca	Arbusto	3, 5, 6,
125	*Solanum indicum / L.*	Solanáceas	(Embuway) verde pálido	Arbusto	3, 5, 6,
126	*Steganotaenia araliaceae Hochst. Ex, A. Rich*	Apiaceae	Shenkore/ Enduka	Árvore	1,
127	*Stereospermum kunthianum Cham*	Bignoniaceae	Zana	Árvore	1,2, 3, 8, 9,
128	*Syzygium guineense F. White*	Myrtaceae	Dokma	Árvore	1,2, 3, 4, 5, 6, 7, 8, 9,
129	*Tapinanthus globiferus (A.Rich). Tiegh*	Lortanthaceae	Teketela vermelho	Epífita	6,
130	*Verbascum sinaiticum / Benth.*	Scrophulariaceae	Ketentina	Arbusto	3,
131	*Vernonia amygdalina Del. Em Caill.*	Asteraceae	Sete Gerawa	Arbusto	1,2, 3, 5, 6,
132	*Vernonia auriculifera / Hiern.*	Asteraceae	Wondie Grawa/ Kotkoto	Arbusto	1, 2, 5, 6,
133	*Vernonia leopoldii (Sch-Bip. ex Walp.)*	Asteraceae	Chibo	Arbusto	2,

	/ Vatke				
134	*Ximenia americana L.*	Oleáceas	Enkoy	Árvore	1,2, 3, 4, 5, 7,
135	*Zizyphus mucronata Var.*	Rhamnaceae	Abetere/ Kurkura	Árvore	1,4, 3, 5, 6,
136	*Zizyphus spina-christi (L.)Wild.*	Rhamnaceae	Gaba /Kurkura	Árvore	1,2, 3, 4, 5, 6,
137	Não determinado	Não determinado	Denbeto em MKBNF	Arbusto	1,2
138	Não determinado	Não determinado	Zshankurt em PTH	Árvore	1,2, 4
139	Não determinado	Não determinado	Teji em SH, BAB, TKBNF	Árvore	1,2, 9
140	Não determinado	Não determinado	Yewonz Ababa	Arbusto	1

Nota: Principais utilizações *1= Construção, 2= Combustível e carvão vegetal, 3= Medicina e saneamento 4= Alimentação, 5= Ração, 6= Vedação e barracão, 7= Venda, 8= Mobiliário e 9= Ferramentas agrícolas.*

Buy your books fast and straightforward online - at one of world's fastest growing online book stores! Environmentally sound due to Print-on-Demand technologies.

Buy your books online at
www.morebooks.shop

Compre os seus livros mais rápido e diretamente na internet, em uma das livrarias on-line com o maior crescimento no mundo! Produção que protege o meio ambiente através das tecnologias de impressão sob demanda.

Compre os seus livros on-line em
www.morebooks.shop

Printed by Books on Demand GmbH, Norderstedt / Germany